U0051212

世界商標演進1400+

蔡 啟 清 編著

全華圖書股份有限公司

C o r

porate

Logo Revolution

of the World

各公司商標之出處除來自各公司網站，列舉主要參考的網站與書籍如下：

提供豐富資訊的網站：
www.underconsideration.com/brandnew
www.rologo.com
www.ci-portal.de
logos.wikia.com/wiki/Logopedia
www.brandsoftheworld.com
www.logolounge.com
www.seeklogo.com
www.logotypes101.com
www.yourlogoresources.com
en.wikipedia.org/wiki/Main_Page
www.fundinguniverse.com/company-histories/

收錄標誌的相關書籍：

1990年，視覺デザイン研究所編輯室，日本視覺デザイン研究所，ロゴタイプ事典

長谷川純雅編輯，日本グラフィック社出版，日本彩色商標與企業識別系第1～10冊
桑山彌三郎編輯，日本柏書房出版，Trademarks and Symbols of the World系列
David E. Carter編輯，美國Haper Colliins出版，American Corporate Identity系列
1993年，NewDECOMAS委員會編著，日本三省堂出版，NewDECOMAS

2007年，成美堂出版編輯部編著，日本成美堂出版，日本のロゴ

本書中所引用之各公司商標圖案，其商標權與著作權屬於該公司所有。

推薦序 Recommended Introduction

日新又新，與時俱進
企業標誌的發展軌跡

伴隨著自己的年歲日增所關心思考的問題開始有所不同側重，有時難免省思全球專業分工的經濟供應鏈與區域經濟環境之下臺灣的定位問題，因應全球設計產業發展所需要培養具有競爭優勢的核心價值，尤其是面對海峽兩岸後ECFA的時代，臺灣設計服務局限在自己有限的市場規模，臺灣設計產業究竟能夠擁有何種資源優勢？得以面對兩岸以至於國際設計同業而能夠永保競爭力呢？這個看似宏觀而非切身需要的問題，總是讓設計實務從業者覺得無關痛癢，但是由於自己過去多年從事企業識別系統與品牌形象設計規劃的實務經驗，若要說服業主尊重設計師的原創概念，並且聽從設計師的專業建言，那麼就不能僅止於依靠設計成品的圖象表現與主觀的視覺經驗，反而是透過有效的調查數據以及國際同業的知名案例作為佐證，最是能夠「導之以理，動之以情」而讓提案順利達成。

因此，臺灣設計發展至今不僅是強調視覺設計專業能力的提升，更不是對外強調國際網路與策略聯盟等外在形式的張揚，更需要有與時俱進的專門的設計資料庫之建置與專業知能的研究分析之論述，甚至是至今仍為臺灣設計產業最為匱乏的設計評論等多方面向的架構之下，才能夠促使臺灣設計界面對知識經濟與美學經濟的嶄新時代，培養出具有兼具經濟產業、美感涵養、文化論述與知識管理能力的設計師。

蔡啟清先生長期以來進行全球知名企業與品牌標誌修正與改變的追蹤研究，並且根據行業屬性分門別類加以發表，每次在《設計印象》雜誌閱讀其發表的大作時總是引起本人的陣陣驚嘆與衷心佩服，一則是敬佩啟清兄投注這麼龐大的心力蒐集這些寶貴的資料，逐一分門別類地建立檔案；二則是羨慕他能夠潛沉靜心不被外在俗事影響，放下設計實務接案的厚利誘惑而腳踏實地做了基礎功夫；三則是景仰他大公無私奉獻發表而令人鼓掌，將這些難得與寶貴的資料公諸於世，將造福臺灣以至於兩岸設計業界。值其整理出版之際邀約本人作序，特予推薦並藉此表達心中敬佩其不獨善其身，並有兼善天下之胸懷，更期盼臺灣設計界有更多如同蔡啟清先生的先進同好，共為臺灣以至於華人設計界厚植更加多元豐富的設計能量。

林磐聳

林磐聳教授/國立臺灣師範大學視覺設計系研究講座教授

推薦序 Recommended Introduction

回國任教近20年，看到視覺傳達設計領域在臺灣社會的蓬勃發展，從全國僅4、5個大學設立，到現在近30個學校開設，不論是學生數或教師人數，都不能等閒視之。視覺傳達設計產業進而到文化創意產業，甚至已成為國家重點發展的六大旗艦產業之一，設計領域已儼然成為年輕學子最想修習的領域。

然而，在設計領域蓬勃發展的背後，發現國內環境所能提供的設計書籍資源則相對缺乏。學生無法在學習的過程中吸取較多的養分，其主要原因在於，一則國外的資源多，但書籍的費用過高，多數學生無法負擔。再則多數學設計的學生並不熟習外國語文，於是多是靠著個人聰明才智，拼湊與猜測圖片所傳達的資訊，根本無法深入吸收與解析。近年，網路科技的發達，造成學生對參考資訊的取得更是簡便就好，任意從網路下載看起來還不錯的圖，稍微修改就可「調整」成另一張圖。如此，我們的設計學生到設計師，對設計表現的詮釋與深度自然愈來愈貧乏與淺薄，對未來臺灣設計產業的發展則愈來愈不利。

蔡啟清老師是臺灣平面設計的前輩，有幸時值我借調在崇右技術學院時而成為同事。這本花了許多時間與心力的書，相當值得提供給學生參考。主要在於蔡老師不僅將各產業知名企業標誌設計的演化歷程呈現出來，並佐以說明外，更將許多臺灣、中國大陸的企業標誌都一併分析歸納，讓讀者可以不必像以前一樣僅局限於對日本或是歐美等國的認識。讓有心學設計的人，可以藉由蔡老師有條不紊的分析與歸納，了解各標誌的發展與脈絡，從中強化對設計標誌的體驗與能力。承蒙他的抬愛請我為這本「世界商標演進1400+」的新書寫序，相信這本頗具意義內容的書，不僅對學生有益，對許多設計教師在教學上都能提供相當的幫助。同時，也寄望蔡老師能如書中各個標誌一樣，能持續編寫這份艱難的工作，讓廣大的設計學子受惠。

嚴貞教授/雲林科技大學視覺傳達設計系/嶺東科技大學設計學院院長

前言 Preface

企業標誌為何需要隨著時代而改變？即使消費者對企業的品牌有相當認同及尊重，但標誌仍會日久老化而失去新鮮感與活力，若跟不上時代的進步會逐漸被消費者疏離，得透過更新企業品牌形象設計使品牌再活化。因而，企業標誌需跟隨著企業成長而變革，才能呈現新生命。

曾因看到日本IDEA設計雜誌對日本企業的CI演變做出整理，極富歷史的意義與設計參考的價值，引發我在設計印象雜誌第14期「文字標誌的溫故知新」的文章裡，初次為讀者介紹著名企業標誌之更新演變，獲得不少的加油聲。多年來再收集更多的資料，整理出各行各業之標誌，而且不再只偏重於文字標誌的介紹，同時探討企業沿革與如何再現新生命，依行業別又陸陸續續在設計印象中逐次發表，以饗讀者。

編輯的過程中，雖想儘可能涵蓋各種產業，但全球企業數量之眾，實在無法囊括所有的標誌，而且企業標誌演變之快，每每都有新標誌產生與舊標誌消失，更新的速度猶追趕不上，甚至某些公司被併購而退出了市場。因此，我僅是資料的整理者，收錄的標誌之所有權為其各公司所有，而標誌之解析度、色彩或有誤差，文字也恐怕會有小瑕疵，但希望提供一個參考的價值，不企圖營造出所謂的「聖經」意象，更期待讀者將來可依據整理之基礎，自行不斷地更新。

這期間因許多好友鼓勵，催促我將已發表過的文章集結為書，為因應標誌的不斷變化，又花了一段時間將內容略做修改，再加入新的產業，完成此一名為「世界商標演進1400+」，共計18類產業的拙作。當然日後也將持續蒐集標誌的演進，建立完整的資料庫。

能把自己的工作當成興趣，實在不知道辛苦，出了書也希望有緣人能感受我的快樂。書末雖已作謝誌，然而要感謝的親朋好友、恩師與同學，實在太多，不小心就會漏了一些，請容許我感謝天吧，大家對我的恩情，真是如天一般高！

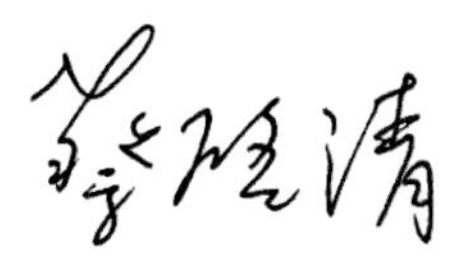

蔡啟清/崇右技術學院視覺傳達設計系專技助理教授

目錄 Contents

Finacial
Service

第一類：金融服務業

資本主義的社會裡，金錢凌駕於一切，歇後語說：「錢非萬能但沒錢萬萬不能」，貪婪造成金融機構的槓桿操作與詐騙，引發國家的危機，是萬惡的淵藪。水能載舟亦能覆舟，國家過度發展經濟時，亦應注意金融體質的健全，勿一味地亂整併，形成龐大怪獸以致胡作非為，搞金錢遊戲丟下爛攤子，最後會被納稅人詬病。

金融服務業包括了銀行、保險、證券、投顧、資產管理、信用卡、抵押、財務與會計等與金融相關的商業活動。

1. Abbey National (英國)

→ Abbey National →

2. Grupo Santander (西班牙)

→

→

3. Aetna (美國)

→

→

4. Aflac (美國)

→

5. Allianz (德國)

→

6. Allstate (美國)

→

→

7. Ameriprise Financial (美國)

→

→

8. Aviva (英國)

→

→

9. ANZ (澳洲)

→

→

10. BARCLAYS (英國)

→

11. Banca Intesa (義大利)

→

→

1. Abbey National: 原是英國的Abbey和National兩個建物社團（Building Society）合併而成，建物社團主要提供與建物相關之抵押貸款與保險等服務，舊標誌中可見到像傘狀的屋頂造形，強調保護的概念，但隨著業務的擴大與再合併，標誌更新，公司品牌名也變更為Abbey，2004年則加入Santander集團，改用集團標誌。

2. Grupo Santander: Grupo Santander Cental Hispano原是西班牙的Banco Santander和BCH合組而成，集團日益增大，太長的名稱縮短為Grupo Santander，才便於記憶，形象由紅色火炬標誌和黑色標準字的組合，演變為單純的紅底反白式樣，而紅色近來染滿了整個金融界，大家都想要活力與受到矚目。

3. Aetna: 公司名稱源自西西里島Etna火山，2003年時為慶祝150週年毅然更新標誌，似舉手的人揮舞著彩帶，從保險公司的定位轉變為對人類健康的全面照顧；2102年再更新標誌，反應更具有承諾、彈性的保險將使人更為健康。

4. Aflac: 公司全名是American Family Life Assurance Company，從Insurance更改為Assurance，也是跳脱單純的保險公司形象，舊標誌僅忠實反映公司名稱，呈現全家人的圖像，新標誌則將電視廣告影片中成名的鴨子融入字體標誌裡，彰顯親切的面貌，或能造就經典的商業造形。

5. Allianz: 安聯擁有悠久的歷史，是德國最大的保險公司，舊標誌保留著一隻老鷹上有三個鷹頭的傳統形象，2001年取得Dresdner Bank後，儼然成為金融界的藍色巨人，新形象中抽象的老鷹簡化到只有三道線條，圓滿的外形內含著剛硬直率的表情。

6. Allstate: 源自Sears集團成立的汽車保險公司，名字則是借用Sears銷售的輪胎品牌，"You're in good hands" 是Allstate的經典標語，但歷來標誌中一雙手好像斷了，手裡捧著的東西從承諾的話語到房屋和汽車，而拿掉這些元素的新標誌，不再有斷手的感覺，雙手的線條也變柔和多了。

7. Ameriprise Financial: 該公司原名為IDS，被美國運通（American Express）所買下，成為American Express Financial Advisors，使用美國運通的品牌，2005年獨立出來，更改為現在名稱Ameriprise Financial，同時啟用八角星星的新標誌，寓意投資之指引明星。

8. Aviva: 英國的CGU和Norwich Union合併為CGNU，是英國最大的保險集團，但名為CGNU實在無法給客戶什麼感覺，又擁有50幾個服務品牌，缺乏集中的市場開拓力量，於是2002年啟用生動的新公司與整合品牌名稱Aviva，寓意生活更加美好，充分反映保險公司的特質。

9. ANZ: 英國的ANZ Bank合併English, Scottish and Australian Bank成立Australia and New Zealand Banking Group，1977年才將公司轉登記到澳洲，以ANZ名稱走向國際，1999年標誌大體維持舊貌，由A穿透N到Z的線條，產生空間感與連結性，斜體字形強化前進的動力。最新的人形標誌象徵客戶，三片藍色圖形代表服務澳洲、紐西蘭與亞洲三大地理區域。

10. BARCLAYS: 歷史可追溯回300多年前的英國倫敦，悠久傳統的寫實老鷹標誌上還有三個皇冠，但新標誌則僅存老鷹的外形，用立體感表現精緻與現代技術，不僅銀行本身著名，連足球隊都赫赫有名。

11. Banca Intesa: 義大利的BAV和Cariplo兩銀行合組Banca Intesa，設計出類似羅馬水道橋的標誌，又和BCI合併成IntesaBCI，修改標誌以反映出三家銀行的聯盟性，2002年集團名稱再簡化為Banca Intesa，標誌則逆向操作，添加虹彩效果，強化三家銀行的融合與提供多元服務。與SanPaolo IMI合併為Intesa Sanpaolo。

12. Bank of America (美國)

Bank of America
NationsBank
→

Merrill Lynch
→

13. MBNA (美國)

→ mbna → mbna

14.BMO (加拿大)

→

15. BayernLB (德國)

→

16. BBVA (西班牙)

→

17. BNP PARIBAS (法國)

BANQUE PARIBAS
→

→

BNP PARIBAS

18. 國泰世華 (臺灣)

→

→

國泰世華銀行
Cathay United Bank

19. 中國信託 (臺灣)

→

→

20. CHUBB (美國)

→

21. CIBC (加拿大)

→

→

22. Cirrus (美國)

→

→

12. Bank of America: 舊的Bank of America和Nations Bank合組成超大的金融集團，拿下經典的舊BA標誌，換上和名字相稱足以展現絕對美國的標誌，動態的國旗線條相互交織，寓意集團之通力合作，更賦予現代感。併購Merrill Lynch，集團名稱Bank of America Merrill Lynch。

13. MBNA: 1982年甫成立的銀行目前已是世界主要的銀行之一，舊標誌訴求安定，新標誌則以開花結果的樣式，象徵公司的成就，字體則改為全部小寫，2006年加入Bank of America集團，原品牌再更新形象，仍續存於歐洲市場。

14. BMO: Bank of Montreal是加拿大主要的銀行，但原本的地域性名稱已不適合國際化的集團，遂改用BMO為集團名稱，M字下加底線的舊標誌穩重如山，新形象不改標誌造形，只用紅色圓形將標誌反白，字形則大幅改變，強調新與舊的差異。

15. BayernLB: 德國Bayerische Landesbank是屬於Sparkassen Finanzgruppe（German Savings Group）的一個子集團，新標誌沿襲原有之菱形與箭鏃，但箭鏃分離後使前進的形態更加明確，名稱則簡化為BayernLB，和ACER的舊標誌有些類似，還好不屬同性質的公司。

16. BBVA: 西班牙的Banco de Bilbao和Banco de Vizcaya合併為BBV（Banco Bilbao Vizcaya），1999年BBV和ARGENTARIA銀行再合組成BBVA，新標誌捨棄多餘的元素，僅承襲BBV原有的字形設計，做小幅度修改，呈現大方的格局。

17. BNP PARIBAS: 2000年法國的BNP（Banque Nationale de Paris）和BANQUE PARIBAS合併為BNP PARIBAS，新標誌呈現躍動的環狀星星，向上飛揚，定位為持續發展的歐洲的銀行。

18. 國泰世華: 國泰人壽先買下第一信託以為進入銀行業的敲門磚，第一信託標誌也是紅配綠，然後改制為匯通銀行，再更名國泰銀行，近來合併有悠久歷史的世華聯合商業銀行，改稱國泰世華銀行，新形象將「泰」字圖形從大樹標誌中移除，和標語"Enrich Your Life"結合設計，但仍維持老店的形象。

19. 中國信託: 歷經改制商業銀行，至今成為金控公司，國字外形內含中字反白的標誌一直沿用，僅做字體調整，新形象將標誌和標語"We are family."結合成圓形圖案設計，大量用藍綠色強化企業色彩。

20. CHUBB: 由成立之初的標誌略知該公司從事海上保險業務，發展至涵蓋產物保險，與英國的Chubb Locks是不同的公司，標誌的外方內圓富有幾何的現代感，和舊標誌的圓形能有歷史的連結。

21. CIBC: 加拿大的Canadian Bank of Commerce和Imperial Bank合併為CIBC，標誌由象徵發展的圖案，演變為只強化簡稱CIBC的設計，新標誌則以棗紅色方塊將CIBC黃色字樣與下方上揚的雙斜線結合為一體，色彩溫暖也不俗氣。

22. Cirrus: 自動櫃員機ATM交易系統服務徹底改變銀行的業務型態，而Cirrus被MasterCard公司買下，原先如彩虹的標誌跟著改變如MasterCard兩個圓形交疊，用藍色調和MasterCard的橙色做區隔。

23. Citigroup (美國)

CITICORP

→

→

24. Commonwealth Bank (澳洲)

→

25. CREDIT SUISSE (瑞士)

→

CREDIT SUISSE

→

CREDIT SUISSE

25. Dresdner Bank (德國)

→

Dresdner Bank
Advice you can bank on

27. 第一銀行 (臺灣)

→

第一銀行

28. Fannie Mae (美國)

→

FannieMae

29. Freddie Mac (美國)

→

30. ageas (比利時)

→

→

31. FRANKLIN TEMPLETON (美國)

→

32. Groupama (法國)

→

→

→

23. citigroup: 花旗和旅行者合併成為citigroup，反而拿下花旗的十字星標誌，保留旅行者的紅雨傘做為集團標誌，可能要凸顯花旗也有保險業務，就字體而言，明明是全球最大銀行也要用小寫字體來壓低姿態與身段，畢竟客戶才是老闆。爾後再由Paula Scher更新形象，巧妙地將弧線與t字轉換成雨傘造形。

24. Commonwealth Bank: 原屬於澳洲聯邦政府的銀行，為避免和其他相同名稱的公司產生混淆，一直未拿掉Bank字眼，和Colonial Limited合併後，僅將菱形標誌中的線條稍做變動，並改放在標準字之前，黃色的企業色彩非常鮮明。

25. CREDIT SUISSE: 瑞士信貸的母公司原稱為CS Holdings，後來分出三個事業版圖CREDIT SUISSE、CREDIT SUISSE First Boston和Winterthur，前二者再次合併為今日的CREDIT SUISSE，2006年甫更新形象，啟用風帆造形的標誌，象徵不斷地前進與發展，而優雅的字體與色彩取代了理智的國際風格字體。

26. Dresdner Bank: 德國的老牌銀行有著綠色三角線條的簡潔標誌，環環相扣，類似Chase的表現，嚴謹而有國際感，一直傳說要和德意志銀行合併，卻併入Allianz，新形象只更換標準字，以凸顯綠色的標誌。

27. 第一銀行: 早期圓形標誌中FCB是First Commercial Bank的字首，第一銀行成立控股公司，新標誌延續圓形與循環線條造形，加入古錢幣的菱形方孔，企圖與金融業務產生關連，或許是公家銀行的思考比較直接，少做理念的發揮。

28. Fannie Mae: 公司全名Federal National Mortgage Association，並不直接貸款給購屋者，而是以發行債券和銀行合作，確保購屋者能從銀行得到優惠貸款，舊標誌有點像Standard Chartered的設計，強調合作與密切的關係，新標誌則直接訴求買屋的夢想，營造美好的生活環境。抵押違約所造成的次貸風暴卻讓公司破產，受政府接管。

29. Freddie Mac: 公司全名Federal Home Loan Mortgage Corporation，業務性質和前者一樣，舊標誌比較抽象，藉著重複的線條象徵服務的擴展，新標誌也回到房屋的直接思考，似乎不約而同的表現獨戶、斜頂的房屋造形，連色彩也相似。最後下場如同Fannie Mae，也被政府接管。

30. Fortis: 荷蘭的N.V. AMEV保險和VSB銀行合併，再加入比利時的AG Group保險，集團名稱Fortis，意寓強壯、堅毅，舊字體標誌用小寫字體，為強調首字f，採實中有虛的設計，新形象則改用大寫字體，點與塊狀組合而成的標誌象徵服務的社群，符合企業的定位。比利時與盧森堡所有銀行業務被BNP Paribas收購，保險業務更名為aeges，新標誌之彩色圓圈是彩虹的概念。

31. FRANKLIN TEMPLETON: 創辦人以Benjamin Franklin為公司名稱，又借用了肖像權，合併了TEMPLETON基金，饒富歷史意涵的Franklin肖像標誌僅做些微調整，訴求維持優良的傳統。

32. Groupama: 以農業共同保險業務起家，舊標誌明顯反應了農村社會，併購Gan保險，又開始銀行業務，新標誌遂將田埂與農舍的線條抽象化，上方一道橙紅弧線象徵開闊的天際，整體標誌又像G字，為加速成長的企業做有力的宣示。

33. HARTFORD (美國)

→

→

34. HBOS (英國)

BANK OF SCOTLAND

→

35. HSBC (英國)

→

36. HVB Group (德國)

BAYERISCHE VEREINSBANK

→

→

37. ING GROUP (荷蘭)

→

38. IOI損保 (日本)

千代田火災

→

NISSAY DOWA

→

39. JP Morgan Chase (美國)

JPMorgan

→

→

→

→

40. kfw (德國)

→

41. LBS (德國)

→

42. 三井住友海上 (日本)

→

→

33. The HARTFORD: 由火災保險公司擴展到人壽保險與投資，曾被ITT所買下，名為ITT HARTFORD，1995年獨立出來，大角公鹿標誌應該是意味著投資者見到利潤如獵人看到公鹿般，新形象更多如木刻的細節，強調200年的悠久歷史。

34. HBOS plc: 建物社團發展成銀行的Halifax和300年歷史的Bank of Scotland合組HBOS，新標誌融合Halifax的X標誌和Bank of Scotland的交互連結人形標誌，呈現兩家公司的合體性質。已被Lloyds銀行集團收購。

35. HSBC: HSBC源自成立於香港和上海的Hongkong Shanghai Bank Corporation，二次世界大戰時總公司迫遷到英國，戰後重返香港，當時實質上稱Hongkong Bank，隨著國際業務的擴增，全球統一形象為HSBC，標誌仍維持由Henry Steiner設計之四方擴展的六邊形幾何造形。

36. HVB Group: HypoBank和BV合組成HypoVereinsbank，再整合Bank Austria 形成HVB Group，文字標誌輔以上揚的弧線，似乎象徵顧客的微笑與業績，2006年甫被UniCredit集團收購。

37. ING GROUP: 1990年由Netherlands Middenstands-bank和Postbank合組的NMB Postbank（中產郵政銀行）Group與Nationale-Nederianden壽險再合併後成立ING Group，集團標誌保留了象徵帝國的獅子，橙色讓坐著的獅子增添些活力，造形略修飾得比較不剛硬，卻仍顯得繁複。

38. IOI損保: 大東京火災和千代田火災兩家損害保險公司組成IOI損保，IOI在日語中有相愛相生的意義，在標誌中兩個似人的造形I字，圍繞成O字，反映了人與人之間的相生關係，循環的動態亦傳達企業的繁榮。2010年IOI損保、Nissay Dowa與三井住友海上組成MS&AD保險集團。品牌更名あいおいニッセイ同和損保。

39. JP Morgan Chase: Chase Manhattan銀行從線條轉折的C字標誌改為由Chermayeff & Geismar設計之現代幾何的旋轉形式符號，成為經典的標誌，不論之前被Chemical Banking合併或之後和JP Morgan投資銀行再合併，Chase都是強勢品牌，而Bank One則於2004年被併入，使得金融版圖不斷地擴大。

40. kfw: 協助二次世界大戰後西德成立時的重建信託銀行，全名Kredianstalt fur Wiederaufbau，縮稱KfW，現行的連續點狀標誌，是匯聚與發展的表現形式，中間的點狀線條刻意延伸到f字上，字體則全用小寫。

41. LBS: 由11家德國的Bausparkassen組成，舊標誌上有隸屬於German Saving Group的符號，新標誌以跳躍與前進的弧線為主形象，弧線也有受到屋頂保護的寓意。

42. 三井住友海上: 三井與住友兩大集團在許多業務上形成合作關係，三井海上火災與住友海上火災合併成三井住友海上集團，類似臺灣的產物保險，菱形新標誌如水火交容，表現出奇特的空間翻轉。與IOI損保、Nissay Dowa共組成為MS&AD保險集團，標誌傳達專業與安全的形象。

43. 明治安田生命（日本）

→
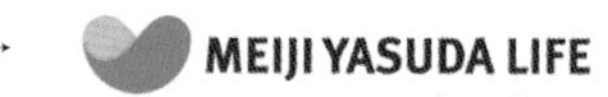

44. Morgan Stanley（美國）

MORGAN STANLEY DEAN WITTER → Morgan Stanley → Morgan Stanley

45. DISCOVER（美國）

DISCOVER → DISCOVER

46. MetLife（美國）

→

→

47. MUFG三菱日聯金融（日本）

→

→

Sanwa Bank

→

48. MIZUHO 瑞穗金融（日本）

→

49. NISSAY日本生命（日本）

→

50. NOMURA 野村（日本）

→

51. Nordea（瑞典）

MeritaNordbanken

→

52. Nationwide（美國）

→

43. 明治安田生命: 所謂「生命」就是人壽保險，明治生命和安田生命合併，標誌似乎隱藏了M和Y兩字，給人孕育生命的搖籃感覺，也有視覺上空間翻轉的表現。

44. Morgan Stanley: Morgan Stanley是投資銀行，而Dean Witter, Discover由證券業務起家，合併時全名為Morgan Stanley Dean Witter，2001年起只以Morgan Stanley為企業品牌，字體標誌上的藍色三角板符號，傳達精準的投資理念。但最新標誌注重文字的識別度，以更專業的形象呈現

45. Discover: 原為Sears發行信用卡的公司，現在則是Morgan Stanley集團的一員，發行之Discover卡僅主要流通於美國，新的字體標誌除字形調整外，捨棄整個連續漸層效果，僅強調O字為視覺焦點，表現更加純淨。

46. MetLife: 總部於紐約的大都會人壽原品牌名Metropolitan，不利於記憶，更名為MetLife有遇見生命的含意，拿掉了散發光芒的星形M字舊標誌。訴求貼近顧客的形象，找來Snoopy這隻卡通明星做為吉祥物，在各種媒體中為企業代言。

47. MUFG三菱日聯金融: 三菱和東京銀行合組MTFG，該銀行的標誌如燃燒的太陽，三和、東海等銀行組成UFJ集團，標誌則是立體的空心圓形帶狀線條，兩個集團再合併成MUFG三菱日聯金融，新形象有極強烈的日本印象，有從中心向外擴展或由外向內集中的雙重視覺效果。

48. MIZUHO瑞穗金融: 富士、第一勸業等銀行組成MIZUHO瑞穗金融集團，舊標誌是似閃電的M字在一新月造形中，給人一種超能力的感覺，新字體標誌則架構於如穹蒼的線條圖形之上，中肯而平穩。

49. NISSAY日本生命: 日本最大的壽險集團，新標誌由Chermayeff & Geismar設計之幾何的旋轉符號，除了與舊標誌有關聯性外又凸顯出N字造形，品牌名由日本生命改為NISSAY，強化國際業務。

50. NOMURA野村: 由80餘年歷史的證券公司發展為金融控股，舊標誌可見創辦人家徽，字體標誌中的M字刻意交錯，能和家徽有所關聯，證券公司紅、灰雙色的方正形象，給人專業與信賴的感受。

51. Nordea: Merita Nordbanken和Unibank合組Nordea集團，Nordea名稱是由Nordic Ideas縮稱，新標形象不復見獨角獸，取而代之的是意味著藍海策略的海洋印象，大船造形的標誌寓意企業成長如揚帆前進。

52. Nationwide: 由Ohio農民共同基金的汽車保險發展成金融集團，標誌由老鷹演變到藍色窗框，有點類似國家地理雜誌的表現方式，傳達方正穩當的形象。

53. NIKKO CORDIAL (日本)

54. National Australia Bank (澳洲)

55. PROMISE (日本)

56. PricewaterhouseCoopers (英國)

57. PRUDENTIAL (英國)

58. Prudential Financial (美國)

59. Royal & Sunalliance (英國)

60. RBC Financial (加拿大)

61. REGIONS (美國)

62. RESONA (日本)

63. SOMPO JAPAN (日本)

53. NIKKO CORDIAL: 日興證券集團新品牌CORDIAL，寓意誠摯的心意，藍色圓形的立體標誌中反白Co字樣，Co有共同與相互的意義，陪著客戶一起成長，證券事業則用紅色標誌。

54. National Australia Bank: 隨著業務的國際化，捨棄被局限於澳洲的公司品牌，簡稱為nab，字體全用小寫，將原標誌的色彩予以漸層與立體化，其中的兩道線條有粗細變化顯得更為精緻。

55. PROMISE: 由原名關西金融的貸款專門公司發展而成的金融集團，PROMISE品牌名寓意對貸款者的承諾，舊標誌類似某個化妝品品牌，新形象以旋轉的光芒圍繞左右鏡射的雙P字，穩當卻有些保守。

56.Pricewaterhouse Coopers: 全球金融公司不斷合併，做財務報表的會計公司也隨著擴大，Price Waterhouse與Coopers & Lybrand合併，新字體不齊底線，上下跳動，似乎不容易辨識，但反倒比較輕鬆。2010年再次重新定位，改稱PwC，標誌表現與客戶間關係的建立與創造價值。

57. PRUDENTIAL: 英國保誠集團一直以Prudence女神為標誌，女神手持鏡子，寓意謹慎、看清自我，1986年重新設計現代版的標誌，至今僅調整字體標誌，不做連字處理，也讓紅色形象更明顯。

58. Prudential Financial: 美國保德信集團的巨石標誌，長久以來象徵屹立不搖，巨石的筆觸與線條隨著時代而更新，更名為Prudential Financial與英國保誠以資識別。

59. Royal & Sunalliance: 由Royal和Sun Alliance兩保險公司合組而成，不再用皇冠或蜂巢標誌，新形象如光芒四射的太陽，反映集團的名稱與強化Sun保險公司300年的歷史軌跡，現稱為RSA Group。

60. RBC Financial: Royal Bank of Canada採用懷抱地球的雄獅徽章，呼應皇家的名稱，後來徽章線條持續簡化與現代化，新標誌整合盾牌造形與簡稱RBC字樣，表現RBC Financial Group更加國際化的面貌。

61. REGIONS: 美國南部主要銀行，原字體標誌的特點在g字上，合併了Union Planters，改用棉花標誌，反映南方的特色。

62. RESONA: 協和、大和、琦玉等銀行合組之集團，RESONA源自拉丁文resonus，寓意共鳴，標誌重複兩個R字，一是定位為區域性（Regional）銀行，另一是與顧客產生共鳴的強烈意圖，為一般銀行少用的軟性的訴求。

63. SOMPO JAPAN: 安田和日產兩家火災海上損保公司合併組成SOMPO JAPAN，不再沿用舊形象，新標誌如升起的太陽，結合J字更強調該公司日本保險業界的指標意圖。與日本興亞損保結合形成NKSJ控股。

64. SMFG (日本)

→
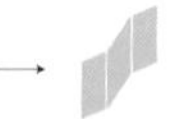

65. 新生銀行 (日本)

→
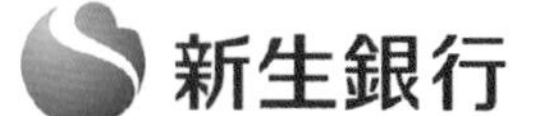

66. Swiss Life (瑞士)

→

67. St Paul Travelers (Travelers) (美國)

TravelersPropertyCasualty
→

→

68. SunTrust Banks (美國)

→

69. SOCIETE GENERALE (法國)

→

→

70. SanPaolo IMI (義大利)

→

→

71. Seven Bank (日本)

→

72. 新光證券 (日本)

→

73. Standard Chartered (英國)

→

→

74. T&D Life Group (日本)

→

64. SMFG: 太陽神戶三井銀行改名為櫻花銀行，與住友銀行合組三井住友金融集團（SMFG），最主要的子公司為三井住友銀行（SMBC），新標誌由三道線條形成轉折的S字形，用三道線條當然是與三井產生關連。

65. 新生銀行: 日本長期信用銀行曾經風光一時，但因不良債權過多而瀕臨破產，被Ripplewood Holdings收購，將不符時代需求的公司名更改為新生銀行，亦符合該銀行重新出發的企圖，標誌則可視為一條攀在地球上的龍。

66. Swiss Life: 追溯公司之歷史已有150年，業務為養老年金和保險，舊標誌的子彈造形顯得很保守，新標誌由三道如彩帶線段組成，隱約有S字樣，當然瑞士的十字標誌是不可少的符號。

67. St Paul Travelers: The St. Paul和Travelers的產物意外險公司合併，但Travelers的雨傘標誌已被citigroup使用了，新形象改用結合盾牌與翅膀的標誌，傳達歷史與旅行者的雙重意義，字體標誌全使用大寫斜體字。2007年從citigroup買下雨傘標誌，公司也再更名為Travelers。

68. SunTrust: SunTrust合併了National Commerce Financial，太陽標誌從弧線演變為具透視感與漸層色彩的形式，長短交錯且不等長的線條，讓整體更活潑與現代感。

69. SOCIETE GENERALE: 將文字標誌放入紅、黑各半的方塊中形成符號型的標誌，方塊象徵安定、穩健是金融機構常用的造形，新形象則將文字與符號分離，符號更明確，字形也重新搭配，彰顯現代感。

70. SanPaolo IMI: SanPaolo和IMI兩家義大利銀行合併，剛開始集團色彩用IMI的藍色調與橢圓外形，新形象將原本過於重疊的字間分離，更易閱讀，色彩改用SanPaolo的綠色調，訴求集團各銀行的和平共榮。與Banca Intesa合併為Intesa Sanpaolo。

71. Seven Bank: IY銀行是Ito Yokado的金融子公司，日本Seven Eleven和Ito Yokado合組Seven & I控股，IY銀行更名Seven銀行，就是看準Seven Eleven數量龐大的家數，於Seven Eleven內設置ATM提款機可提供24小時便利的服務。

72. 新光證券: 新日本證券與和光證券合併，新公司名稱新光證券，與臺灣的新光沒有關連，新標誌寓意「光之樹」，樹幹是公司而葉子是客戶，象徵公司能使客戶的資產持續成長。

73. Standard Chartered: 1969年服務於印度、澳洲的Chartered銀行和英屬南非Standard銀行合併，標誌是S和C字緊密的交織，象徵兩公司的合作無間，新形象應用同色系色塊拼貼的方式，以色彩的層次增添柔和氣息。

74. T&D Life Group: 太陽生命和大同生命合組而成，以致集團有T&D的名稱，聯合太陽生命的紅色和大同生命的藍色，雖經合併，但兩個公司仍依舊使用各自之品牌，未統一使用集團形象，其他子公司的名稱則均以T&D為開頭。

75. Millea Holdings
東京海上日動（日本）

76. Transamerica（美國）

77. U.S. Bank（美國）

78. UniCredit（義大利）

79. UBS（瑞士）

80. VISA（美國）

80. WACHOVIA（美國）

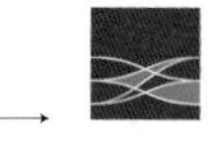

WACHOVIA
A Wells Fargo Company

82. WestLB（德國）

83. Westpac（澳洲）

Westpac
Australia's First Bank

84. Winterthur（瑞士）

85. ZURICH（瑞士）

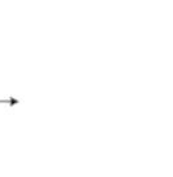

75. Millea Holdings: 東京海上與日動火災兩家保險公司合組千禧控股，螺旋狀新標誌創意與成長，螺旋包覆著地球，象徵服務全世界客戶的國際公司，集團標誌用綠色調，子公司則用藍色。

76. Transamerica: 從人壽業務發跡，集團多角化經營時曾涉足動畫、航空、租車等事業，金字塔總部大樓落成後，標誌即以大樓外觀為主角，過度擴充到後來還是回歸專心於本業的經營，賣掉與金融無關的公司，1999年成為荷蘭AEGON集團一員。

77. U.S. Bank: 美國中西部銀行，母公司為U.S. Bancorp，2000年與Firstar Bank合併，新形象簡化盾形徽章標誌，字體全部改用小寫，色彩反映強烈的美國意識。

78. UniCredit: 由Credito Italino等七家銀行組成UniCredito Italino Group，向上的箭簇形I字傳達Italino眾銀行團結一致的力量，進而使用國際化的名稱UniCredit，而箭簇斜向穿透整個象徵地球的圓形，有擴大服務的意義。

79. UBS: SBC（Swiss Bank Corporation）與SBG（Schweizerische Bankgesellschaft）英文名為UBS（Union Bank of Switzerland）合併，集團直接命名為UBS，新標誌維持SBC的三把打開財富大門之鑰，僅略微修改，使用紅色字體能與瑞士產生關連。

80. VISA: 前身是舊Bank of America發行的BankAmericard，而使用信用卡則開啟塑膠貨幣之端，因為名稱太過於美國，想要國際化有困難，更名為VISA，易記又有國際風格，新形象去掉信用卡的外形，營造出回力鏢的視覺符號。

81. WACHOVIA: 名稱由捷克摩拉維雅人定居地名Wachau而來，銀行業務主要在美國東部，2001年與First Union合併，新標誌呈現這塊定居地的藍色河流與綠色谷地，更象徵兩個銀行的交融。

82. WestLB: 公司原名Westdeutsche Landesbank西德意志銀行，簡稱為WestLB更加國際化，標準字一直很理性，新標誌則是抽象的W字，又如同打勾的符號，似乎是強調金融找WestLB就對了。

83. Westpac: 源自澳洲最早的Bank of New South Wales，1982年合併Commercial Bank of Australia時更名為Westpac，即Western Pacific的縮稱，明確訴求服務的地理位置，紅色W字能聯想到Wales。

84. Winterthur: 公司名源於瑞士Winterthur，是瑞士信貸的保險事業集團，在臺灣稱為瑞泰人壽，新形象將壓在公司名上面的線條縮短，讓字體冒出來，象徵公司也有出頭天。2007年併入AXA集團，改採AXA Winterthur新標誌。

85. Zurich: 如同Winterthur般，以瑞士Zurich地名為公司名稱，舊標誌略微剛硬尖銳，新形象則使標誌中的Z字更易辨識，以曲線傳達保險較為人性的一面。

歸納

- 單純使用文字標準字體為標誌者有10個，使用字體標誌非主流。
- 標誌單純使用藍色調有14個，紅色調3個，綠色調2個，黑色2個，大多混合二個以上顏色。
- 每一企業均有其獨特的文化，有的標誌訴求穩重、優良傳統，有的則親和、銳意改革，都發出自己獨特的聲音。
- 因金融業的變動頻繁，當組織異動時市場定位亦需隨之調整，視覺的更新則直接傳達這改變，是與顧客溝通的絕佳利器。

Computing

繼金融服務業後，接著介紹市場變化快速的IT產業，品牌形象亦需及時反應需求，由於IT產業包含的範圍很廣泛，再以通稱的3C產業，分為資訊電腦、電信通訊、電子家電等三類，但對橫跨眾多行業別的公司，為方便於分類僅擇其一予以歸類。

第二類：資訊電腦業

資訊電腦業包括了電腦硬體與周邊、作業系統等軟體與資訊科技相關產業，不包含遊戲軟體、遊戲機。

1. Adobe (美國)

→

2. AMD (美國)

→

3. AMIGA (加拿大)

→

→

4. Apple (美國)

→

apple

→

Apple

5. ASUS (臺灣)

→

6. ATI (美國)

→

7. Autodesk (美國)

→

autodesk

→

Autodesk

8. BRISTOL TECHNOLOGY (美國)

→

→

BRISTOL TECHNOLOGY

9. Bull (法國)

→

10. Computer Associates (美國)

→

ca
Computer Associates

→

11. Cisco Systems (美國)

→

→

CISCO

1. Adobe: 為印前作業開發了PostScript技術，而Illustrator和Photoshop是許多設計師經常使用的軟體，締造跨平台與克服文字問題的pdf格式，用創意的科技改寫歷史，新標誌引用舊字體標誌的A字，同時讓Adobe名稱更易辨識。

2. AMD: 在電腦的心臟微處理器之領域中只有AMD（超微）力拼Intel，而過去太長的公司名稱Advanced Micro Devices縮短為AMD，才便於記憶，綠色的標誌彷彿為黑色的微處理器注入生命力。

3. AMIGA: 原是美國的電腦公司，曾被Commodore併購，標誌演變之差異極大，如今品牌已屬於加拿大Amiga, Inc.，呈現棋盤狀的地球形象。

4. Apple: 公司名稱源自牛頓在蘋果樹下悟到萬有引力，較其他電腦業者更為親切，舊形象中蘋果與字體合在一起，分開後標誌成為咬了一口的七彩蘋果，反映新一代的彩色Macintosh，不過因複製不易，逐漸改為單色處理。

5. ASUS: 臺灣的華碩ASUSTEK原是生產電腦主機板，近來品牌擴及到電腦和手機等消費性產品，並登上國際舞台，舊形象是ASUS字樣在七彩的塊狀背景中反白，不易在產品上使用，新標誌只留下原字樣，色彩亦轉趨沈穩且單純。

6. ATI: 研發圖形處理晶片與繪圖顯示卡，讓3D軟體得以展現強大的繪圖能力，舊標誌以圖形觀點做設計，難以辨識出ATI，新標誌改善辨識的問題，卻讓A字顯得展不開，點狀的特色亦不凸顯。

7. Autodesk: 以AutoCAD軟體聞名世界，公司和軟體原共用銳利的A字標誌，因應產品線增多與積極投入3D軟體的發展，標誌愈顯單純以展現包容性，也脱離科技公司慣用的紅、藍色彩，改用明亮的水藍色。

8. BRISTOL TECHNOLOGY: 從發展軟體開發工具轉換到追蹤銀行的帳轉紀錄軟體，舊標誌中b字的箭形符號，轉移到新字體標誌的O字裡，而粗體的BRISTOL與細體的TECHNOLOGY產生對比。

9. Bull: 法國Groupe Bull身世複雜，經營權不斷地被轉手，主要是提供大型電腦與伺服器以服務大型的企業，數位化的大樹舊標誌過於複雜，而反映時尚感的新字體標誌只取用大樹的綠色方塊點。

10. ca: Computer Associates給人學術機關的印象，Landor在為其更新標誌時，便朝簡稱ca來設計，公司也正式更名為ca，新形象也更直接組合ca兩字，呈現線條間的連續與重疊，給予客戶信賴與支持。2010年公司再更名為ca technologies。

11. Cisco Systems: 網際網路的領導公司，從企業間的網際路由器擴展到通訊領域，買下Linksys則進入了家用市場，原象徵金門大橋的標誌漸變為兩個波峰，倒像是音響上顯示高低音的圖形。

12. 3com (美國)

3 Com → 

→ 

13. COREL (加拿大)

→ 

→ 

14. EDS (美國)

→ 

→ 

15. EIZO (日本)

NANAO → 

16. EMULEX (美國)

→ 

→ 

17. Exact software (荷蘭)

→ 

→ 

18. Gateway (美國)

→ 

→ 

19. GIGABYTE (臺灣)

→ 

→ 

20. Hyperion (美國)

→ 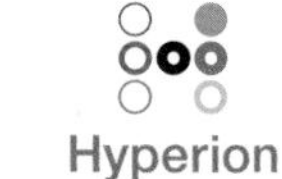

→ 

21. hynix (韓國)

→ 

22. imation (美國)

→ 

12. 3Com: 專注於Computers, Communication和Compatibility三大領域而得名，是Cisco的競爭者，舊標誌對公司之行業與宗旨沒有任何訴求，新形象用三個套環來傳達連結的概念，讓人想起玩套圈圈的遊戲。

13. COREL: 公司名縮稱自COwpland REsearch Laboratory，90年代以CorelDraw向量軟體與Adobe競爭，標誌由象徵C字的光芒，到加入詭異的氣球圖案，最後只留下字體標誌，色彩轉趨單純。

14. EDS: 公司名Electronic Data Systems，美國最大的資訊服務公司，為大型企業與政府部門提供資訊與建立網路之服務，標誌由方變為圓，設計則相對的保守。公司已被HP併購。

15. EIZO: 從事電腦顯示器之生產，EIZO合併了NANAO，公司名為EIZO NANAO，但品牌則統一為EIZO，EIZO是「映像」的發音，新標誌有後現代拼貼的設計，紅綠藍三原色光呈現顯示器的產品形象。

16. EMULEX: 網路資訊的儲存設備，標誌由兩鏡射相對的E字構成，以線條形態造成網路印象，鏡射的設計傳達資訊的備份與儲存，新形象將標誌置入紫色的背景中反白，感覺輕盈些，而下方標準字提供穩定的基石。

17. Exact software: 提供中型企業改善人力與資源運用的系統軟體，傾斜的字體標誌有向上發展的力量，新形象刻意強化紅色方塊與字體形成整體的設計。

18. Gateway: 公司原名Gateway 2000，如Dell的模式以直接訂購為銷售策略，換上乳牛的圖案，想藉突發奇想一搏市場青睞，並展開零售店面，但似乎弄錯了方向，業績不如理想。2007年被acer收購，大幅提升acer在美國的市佔率。

19. GIGABYTE: 以生產主機板起家，類似ASUS的發展，國際化後拿下G字的圖案，而為避免GIGABYTE僅是泛用的名稱，下加TECHNOLOGY字樣，反映公司的特質。但最新形象只存GIGABYTE字樣。

20. Hyperion: Hyperion Solution開發商務用軟體，合併Arbor Software，標誌由虛實的圓圈組合，象徵數位的0與1，起初色彩非常豐富，最終回歸到簡化與製作的實用。

21. hynix: 韓國Hyundai電子和LG半導體合併，更新公司名稱Hynix，以橙色象徵年輕的企業，線條表現親切柔和，與其他資訊產業有較大的區隔。

22. imation: 從3M事業部門獨立出來的公司，專注於光碟和可攜式硬碟等資料儲存產品，標誌靈感來自魔術棒，過多的點與色彩在新形象中全都簡化，又不失原來的精神。

23. infineon (德國)

24. intel (美國)

25. Intergraph (美國)

26. iomega (美國)

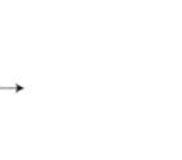

27. Kodak (美國)

Kodak

28. KONICA MINOLTA (日本)

29. Kyocera Mita (日本)

30. lenovo (中國)

31. Linux (芬蘭)

32. Logitech (瑞士)

33. McAfee (美國)

23. infineon: 由Siemens的半導體部門獨立而形成，infineon意指infinity，融合Siemens冷靜思考的藍色調和積極行動的紅色。

24. intel: 名字縮稱自Integrated Electronics，以生產微處理器著名，拿下使用了30餘年的標誌，需要很大的決心，畢竟e字向下位移的設計已被習慣，為進入娛樂市場，新標誌結合intel inside的設計感，不再需要另一個宣傳用標誌。

25. INTERGRAPH: 成立之初名為M&S Computing，爾後更名為Intergraph，源自該公司的核心技術INTERactive GRAPHic，舊標誌在R、A、P字形的設計上做變化，整體骨架稍纖細，新形象呈現動態與技術力。

26. iomega: 主力產品為可攜式資料儲存設備，最著名的是ZIP硬碟，標誌想表現數位資訊的0與1，後來以I字的設計來傳達意象，過於尖銳的直角與字形也轉為柔和。

27. Kodak: 雖然柯達已是底片的代名詞，但從未停止進步，現今生產之數位相機是全美第一，更專注於數位影像處理，拿下著名的K字標誌，換上強調品牌名的新字體標誌，宣示事業重心的轉變。可惜的是公司還是於2012年宣告破產。

28. KONICA MINOLTA: 生產底片的KONICA和相機的MINOLTA合併，新標誌延續MINOLTA的光束與橢圓造形，搭配全新的字體，原相機的事業卻即將結束，轉移給SONY，轉戰雷射印表機市場。

29. Kyocera Mita: Mita公司生產影印機，併入Kyocera後，公司更名Kyocera Mita，初期使用聯名品牌，目前統一為Kyocera，大舉進攻雷射印表機的領域。

30. lenovo: 成立於香港的LEGEND聯想集團，買下IBM個人電腦部門成為重量級公司，更新品牌名lenovo，取符LEGEND的le字首加上意義為new的novo，字形設計單純中帶有微小的細節變化。

31. Linux: 1991年該作業系統核心由芬蘭大學生Linus Torvalds所開發，免費與開放的觀念對Unix造成極大的威脅，吉祥物企鵝的名字TUX，有著如Torvalds般圓圓的身材。

32. Logitech: 創立於瑞士，生產滑鼠與網路攝影機，舊標誌由Frog Design設計，表現滑鼠和視訊，新形象大致沿襲原有精神，增添柔和的調性。

33. McAfee: 防毒與防火牆等網路安全軟體，公司名稱是創辦人的姓氏，一度與Netwok General合併成Network Associates，目前分家改回McAfee，呈現厚實穩重的形象。

34. macromedia (美國)

 →  →  formerly macromedia

35. MDL (Symyx) (美國)

 →  → 

36. Memorex (美國)

 →  → 

37. msn (美國)

 → 

38. National Semiconductor (美國)

 →  National Semiconductor

39. NCR (美國)

  →  → 

40. NetApp (美國)

 NetworkAppliance →  → 

41. Netscape (美國)

 →  → 

42. Novell (美國)

 →  → 

43. Packard Bell (荷蘭)

 →  → 

44. palm (美國)

 handspring →   → 

34. macromedia: 由MacroMind和Authorware合併而成，以Dreamweaver和Flash等多媒體軟體著稱，2005年被Adobe所併購，協助Adobe搶攻多媒體的市場。

35. MDL: Molecular Design Limited的縮稱，開發探索資訊技術的軟體，被Reed Elsevier所併購，更名Elsevier MDL，暫用兩家公司的標誌為聯名品牌。2007年賣給Symyx，公司被合併了。

36. Memorex: 頗具歷史的儲存設備公司，但經常被轉賣，目前是Imation旗下的品牌，專注於影音媒體，原來M字被橢圓所切割成兩部分，用色彩區隔，而新形象以圓點構成o字，著重整體文字的表現。

37. msn: 微軟的網路線上服務The Microsoft Network，舊形象雖簡潔但無法彰顯行業特質，七彩的蝴蝶新標誌象徵遨遊於網路的世界，多采多姿非常醒目。

38. National Semiconductor: 公司成立於積體電路（IC）發明的1959年，生產影視與聲音關連的IC，新形象採無限大的N字造形，訴求公司的永續經營與IC的無限可能。

39. NCR: 原名National Cash Register，專精於金融與零售業的收款機器，更名為簡稱NCR，曾被AT&T所併購，現在是獨立公司，擺脫方塊組合之形象，Saul Bass新設計強調金融的流通。最近標誌色彩改為綠配灰。

40. NetApp: 網路資訊儲存備份軟體，因網路而成長，舊形象傳達公司全名Network Appliance，標誌用嵌入組合的概念；新形象改用縮稱品牌NetApp，簡約的n字圖形如同一個入口。

41. Netscape: 曾是網路瀏覽器的重要品牌，終究不敵Internet Explorer，目前被AOL所併購，標誌呈現浩瀚的網路空間印象，並逐漸演變為網路上常用的按鈕形式。

42. Novell: 原名Novell Data Systems，Novell寓意New，形象一度採用網路的設計，為迎合開放企業的趨勢，新形象僅使用標準字反映更包容的IT的環境。

43. Packard Bell: 早期生產收音機、電視，後來調整為生產低價PC，但因聲譽受損、無利潤而退出美國市場，曾屬於NEC在歐洲的品牌，另撐起一片天。如今跟著Gateway被acer併購。

44. palm: PDA的領導品牌，寓意將資訊握在掌中，硬體部門和Handspring合併成palmOne，軟體部門則改稱PalmSource，palmOne再向PalmSource買斷palm的商標權，並更新形象，改用愉悦的橙色調。被HP併購後，品牌為HP Palm。

45. PHILIPS Semiconductors (NXP Semiconductors) (荷蘭)

→

→

46. Quark (美國)

→ →

47. RICOH (日本)

→ →

48. RadiSys (美國)

→ RadiSys →

49. SAP (德國)

→

50. SCO (美國)

→

→

51. Seagate (美國)

→

52. sgi (美國)

→

→

53. Shuttle浩鑫 (臺灣)

→

→

54. SII (日本)

→

55. SONIC SOLUTIONS (美國)

→ SONIC SOLUTIONS →

45. PHILIPS Semiconductors: VLSI原具有切割晶圓的精準形象，被PHILIPS所買下，公司消失變成PHILIPS半導體事業部門，2006年獨立出來另成立新公司NXP Semiconductors，NXP意味著"next experience"。

46. Quark: 以編排軟體Quark Xpress聞名的私人公司，形象剛剛更新為幾何的Q字標誌，卻與Scottish Arts Council的a字標誌過度雷同，只得緊急再度修正，調整為數位時代的按鈕形標誌。

47. RICOH: 理光為日本光學大廠，積極發展辦公室自動化的IT設備，原實心與框線字對比的標誌已相當出色，但注重回應市場與組織需求而更新形象，展現精密與調和的新字體標誌。

48. RadiSys: 公司名稱直接説明生產模組化的嵌入式系統，舊標誌呈現細線條的樣式，但用襯線字體沒有IBM般紮實，新形象乾脆捨棄線條以提高識別性。2011年更新為紅色形象，字形還是很細緻。

49. SAP: 德國最大的企業資源計畫軟體公司，SAP代表Systems、Applications、Products，舊標誌的方形與三角形分隔，使得名稱稍小，新標誌結合方形與三角形，可加大名稱的呈現。

50. SCO Group: Santa Cruz Operation（SCO）的系統部門被Caldera所併購，Caldera後來更名SCO Group，新標誌捨棄海岸線的造形，只留下抽象的大樹，展現力量。

51. Seagate: 在開曼群島註冊的美國公司，主要生產硬碟機，舊標誌僅強調S字形，無產業之關連性，新標誌傳達硬碟機讀寫的概念造形。

52. sgi: 早期要有Silicon Graphics的工作站才能操作3D軟體呈現效果，後來在PC上就能做到，該公司逐漸失去優勢，立方體的舊標誌，改為由Landor設計的新sgi標誌，呈現獨特字形美感。爾後買下SGI的Rackable Systems，將公司改名為SGI，並再更新形象。

53. Shuttle浩鑫: xPC迷你電腦的品牌，標誌彷彿太極圖案，但Shuttle名稱卻似交通運輸業者，無法契合家庭娛樂數位化的市場。

54. SII: Seiko Instruments原是第二精工舍，為Seiko錶的工廠，簡稱SII，新標誌如大圓生小圓，頗有精工舍之子工廠的意念。

55. SONIC SOLUTIONS: 由Lukasfilm的職員所創立，提供DVD製作軟體，買下Roxio進入CD的軟體市場，由光碟讀寫的形象轉為僅強調品牌名稱，擴大產業範圍。

56. symantec (美國)

57. Sun microsystems (美國)

58. symbol (美國)

59. TREND MICRO (臺灣)

60. TWINHEAD (臺灣)

61. UMAX (臺灣)

62. UMC (臺灣)

63. USRobotics (美國)

64. Verbatim (美國)

65. Western Digital (美國)

66. XEROX (美國)

56. symantec: symantec 買下Norton Utility，由研發軟體開發工具到網路安全與防毒，近來與Veritas合併，只留symantec品牌，新標誌有中國的太極風。買下Verisign後，2010年更新標誌，採用Verisign的checkmark，專注於保障資訊的安全。

57. Sun microsystems: Sun代表Stanford University Network，以SPARC工作站、Solaris作業系統軟體聞名，迴紋的標誌設計不論從哪一角度看都是Sun。2010年賣給Oracle後，公司消滅了。

58. symbol: 研發資料讀取技術與設備，如條碼掃瞄機、讀卡付款機等，舊標誌以掃瞄的紅色光束表現產業之關連性，但容易局限發展與影響辨識，新形象單純採用字體下加紅線條，更抽象地表現紅色光束。

59. TREND MICRO: 發跡於美國，總部設於東京的趨勢科技是由臺灣人所成立的公司，以PC-cillin防毒軟體聞名，全球化的t字新形象取代掃瞄電腦資訊軌跡的舊標誌。

60. TWINHEAD: 臺灣的倫飛電腦主要生產筆記型電腦，兩個頭腦的舊標誌幾乎是慘不忍睹，新形象則轉趨抽象化，I字上小點變成大點，傳達雙贏與成長的概念。

61. UMAX: 屬於力晶半導體的世成科技，主力產品是低階平台掃瞄器，一直使用文字標誌，字形稍嫌剛硬，字間距未詳加調整。

62. UMC: 聯華電子已是世界級的半導體公司，但從事晶圓代工，並非直接面對消費者，新形象拿掉陳腔濫調的地球圖案，專注字體表現，更單純而國際化。

63. USRobotics: 有點詭異的名稱，公司生產寬頻網路設備、數據機modem並非robot，形象不斷地簡約化，捨棄連字與外框。

64. Verbatim: 名稱意義是精確的複製，很適合儲存設備的公司，字體中雖有某幾個字不太協調，但一直未再修正，目前屬於日本三菱化學控股。

65. Western Digital: 由製造IC轉為生產硬碟機，換掉線路圖的舊形象，改採WD兩字的新形象，Seagate是其主要競爭者。

66. XEROX: Haloid公司成功以xerography（乾式複印術）生產影印機，所以在北美影印不説copying而是xeroxing，新形象除原字體標誌外，搭配數位的X字標誌，宣告數位時代的來臨。2008年再更改為球體標誌，強調與顧客、夥伴的連線，進入多媒體時代。

歸納

- 單純使用文字標準字體為標誌者有36個，使用字體標誌漸成了主流。
- 標誌使用藍色調有17個，紅色調16個，紫色調4個，綠色調3個，其他顏色或混合色25個，藍與紅色顯然是普羅大眾接受的色系。
- 電腦業過去在設計上調性比較剛硬、缺乏親和的人性，最近則有些改善，如：Logitech、Symantec等。即使是字體標誌也有更親和的調性。
- 公司愈小或愈專注於特定範圍，其形象較顯性，愈能表現特色；公司規模過大或多事業多角化，其形象較隱性而收斂。

Commu-
nication

第三類：電信通訊業

電信通訊業包括了電話、手機、網路、衛星等提供電子通信的相關產業，又涵蓋系統、硬體設備、技術支援等。

因應快速競爭的趨勢，人與人間的聯繫相形重要，溝通需要電信通訊產業；今日手機發展迅速，已是人手多機，然而時時刻刻都得被手機綁住，深怕未接到來電，網路雖帶來便利、縮短距離，卻佔據了生活的大半，也因此，現代人高度依賴的電信通訊產業在此一世紀產生許多重要的品牌。

1. Aliant (加拿大)

  →  → 

2. albura (西班牙)

 → 

3. alltell (美國)

 →  → 

4. AOL (美國)

  →   → 

5. AT&T (美國)

Southwestern Bell →  

→ 

AT&T → 

6. avea (土耳其)

  → 

7. belgacom (比利時)

BELGACOM → belgacom → 

8. Bell Canada(加拿大)

 Bell →  → 

9. BENQ SIEMENS (BENQ) (臺灣)

BenQ
SIEMENS mobile →  → 

10. BT (英國)

  →   → 

1. Aliant: MTT和Island Telecom等四家公司合組Aliant Telecom，在標誌中以弧線象徵地球，且四道弧線亦象徵結合四家公司的網路，2003年更新形象為Aliant，並調整標誌與字體，讓兩者間的搭配更恰當。2009年改稱Bell Alliant，再更新形象。

2. Albura: 原屬於西班牙Red Electrica的通訊部門，獨立後以Albura為新品牌，寓意光明與新開始，標誌為向外擴大的光環，呈現通訊事業的美好與願景，該公司現在則屬於Ya.com。

3. alltell: 舊標誌像電話線般扭曲，為專注於無線通訊，將電話部門與Valor合併成立Windstream Communications，新標誌承襲舊標誌筆畫的特性，但全部改用小寫字體，將字首a反白形成強調的重點。

4. AOL: 原是Quantum Computer Services，獨立後公司名稱由America Online再到AOL，1990年代靠網路而迅速崛起，現隸屬於Time Warner集團，原象徵A字的三角形則轉變為遊樂器上的按鍵與箭頭形式。2009年更新形象，由Wolff Olins設計，導入動態識別。

5. at&t: 美國Bell電話公司初期以「鐘」寓意聲音的傳播，由Bell所設立的AT&T買下其母公司，1984年AT&T被anti-trust反壟斷法另分出七個地區公司，2005年再由Southwestern Bell演變而成的SBC與原母公司AT&T合併成立新的at&t，將Saul Bass設計的地球標誌做更加立體化表現，意味著新時代的來臨。

6. avea: 由Aycell和aria合併而成，是土耳其唯一GSM 1800系統業者，標誌則融合兩家共同的橢圓，層層的包覆象徵網路的覆蓋範圍無限擴大，相對於aria字體的時尚感，avea卻顯得保守些。

7. belgacom: 比利時政府所屬的企業，原名RTT，更名為belgacom，宣告進入網路時代，舊形象直接表現聲音之傳遞與接收，新形象採用字體標誌，以O字呈現的光芒傳達通訊事業的擴展與光明。

8. Bell Canada: 原是美國Bell電話的加拿大公司，早期形象源自Bell電話的「鐘」，又一度曾只用Bell字樣，新形象則表現聲音之傳遞與接收，集團通稱為BCE。2008年標誌再度只用Bell字樣，清晰而單純的聲音。

9. BENQ SIEMENS: 近年來臺灣的BENQ積極打開國際知名度，於是買下德國SIEMENS的手機部門，手機也改用BENQ SIEMENS聯名品牌，或許是個過渡時期，剛興起的BENQ還需藉SIEMENS提攜名氣，但因虧損嚴重，合作面臨提早收場。

10. BT: 英國電信業務由郵政局獨立出來成立British Telecom，隨著集團事業的擴大，公司已正式更名為BT，原T字與號角手標誌只單純傳達聲音，新形象則由點狀形成立體的球形，表現數位時代與世界的連結。原本想把形象更柔和化，但推展不開來。

11. intel Centrino (美國)

→

→

12. cingular (美國)

→

13. comcast (美國)

→

→

14. cosmote (希臘)

→

15. CompuServe (美國)

→

16. elisa (芬蘭)

→

→

17. france telecom (法國)

→

→

18. FLAG TELECOM(Reliance Globalcom)(印度)

→

→

19. Global Crossing (美國)

→

→

20. Globalstar (美國)

→

21. Golden Telecom (俄羅斯)

→

→

11. intel Centrino: 第二代行動運算技術Centrino跟著intel更改標誌而更新形象，從兩片翅膀變為一個立體標貼，設計雖然較新穎，但視覺符號卻顯得鬆散，想貼近網路族群的看法，但視覺符號卻顯得鬆散。

12. cingular: SBC和BellSouth合資成立無線通信公司cingular，取singular非凡、奇特之意，點狀的數位人形標誌反映人性溝通的特質，再合併AT&T的無線通信部門，成為美國最大的無線通信公司，新形象反映AT&T的藍色。2007年更名為AT&T Mobility。

13. comcast: 包括有線電視與通信、寬頻網路等服務，形象從溝通的循環、電視螢幕到強調C字的擴展，反映持續成長的企業形象，如今已是美國最大的有線電視公司。

14. cosmote: 1998年才開始商業營運，現已發展成希臘最大的移動通信公司，舊標誌表現經緯線的地球，新標誌藉由C字的重複象徵成長與通訊的傳播，又反映其事業版圖在歐洲各國繼續擴大。

15. CompuServe: 顧名思義是電腦服務網路，美國最早提供商業線上服務的公司，舊標誌呈現地球與電腦，現屬於AOL，新標誌呈現Co的造形，又宛如地球儀，象徵全球的布局。

16. elisa: Helsinki電話公司與母公司HPY Holding合併，並買下移動通訊radiolinja，更名Elisa Oyj，用女性化的名字令人驚異，新形象源自Helsinki電話公司的點，呈現數位化的溝通。

17. france telecom: 剛從郵政電信部獨立出來時的舊標誌表現環繞與電話的按鍵，甫由Landor設計換上新的"&"符號標誌，訴求電信與人的關係，但2006年又做了修改，將刻意切割斷掉的部分全連接，但字體的搭配並不理想。

18. FLAG TELECOM: 跨洲際的海底電纜通信公司，由印度Reliance Infocomm買下，新形象四個點寓意營運的四個區域，並以各國文化圖騰為輔助圖案表現在地精神。2004年被Reliance集團買下，後來更名為Reliance Globalcom。

19. Global Crossing: 提供電腦網路通信服務，隨著網路泡沫化後公司於2002年破產，現屬於新加坡ST Telemedia集團，形象採漸進的變革，主要調整色彩與字體。

20. Globalstar: 新世代的衛星通訊服務公司，採用較低費用的低軌道衛星通訊系統，2002年公司亦宣告破產，被Thermo Co. 買下，新形象去掉地球僅以衛星傳輸的線條反映公司的事業特質。

21. Golden Telecom: 俄羅斯的長途電話與GSM通訊服務公司，已建構多條俄羅斯境內的光纖高速網路，也在美國掛牌上市，舊標誌僅強調G字，新標誌則顯現通訊的覆蓋性與延伸。2008年被擁有Beeline品牌的VimpelCom買下。

22. HUGHES NETWORK SYSTEMS (美國)

→

→

23. HUAWEI (中國)

→

24. 3 (Hutchison Telecom) (香港)

→

→

25. INTEC (英國)

→

26. JAPAN TELECOM (SoftBank Telecom) (日本)

→

→

27. JDSU (美國)

→

28. jordan telecom (約旦)

→

→

29. KT (韓國)

→

30. KDDI (日本)

→

→

31. LG (韓國)

→

→

32. kpn (荷蘭)

→

→

22. HUGHES NETWORK SYSTEMS: 原屬於Hughes Communications，轉賣給SkyTerra Communications，是唯一仍使用HUGHES為品牌的公司，字體標誌中呈現貫穿的連接線。

23. HUAWEI: 華為技術是通信網路設備供應公司，舊標誌如擴張四射的光芒，新形象減少光芒線條則較像花朵，透過廣設世界各地分公司，大陸的企業正積極跨出國際化腳步。

24. 3: Hutchison Telecom屬於和記黃埔集團，為促銷第三代行動技術3G，行動電話改以數字"3"為品牌名稱，且營造出3G旋風的新視覺，表現年輕族群的爆發力。

25. INTEC: 為通訊公司提供營運支援、收費的系統服務，舊形象以線條形成向上的金字塔，並複合了事業文字，金字塔讓人連想到永恆，傳說是與外太空的人類在溝通的符號，新標誌化繁為簡，僅存品牌字體與底線。2010年被CSG Systems購併。

26. JAPAN TELECOM: 從原JAPAN TELECOM控股分離出來成立新的JAPAN TELECOM公司，並由電話服務轉向網路通信，加入軟體銀行集團後，拿掉8字形的連結標誌，呈現軟體銀行集團的整體形象。2006年再更名為SoftBank Telecom。

27. JDSU: 製造光纖通訊產品與測試設備，由JDS和Uniphase合併，再併Acterna，形成JDSU，原標誌如開啟的彩色盒子，企圖引發對封閉盒子之外的思考，新形象則象徵科技與顧客的連結。

28. jordan telecom: 約旦國營T.C.C.更名Jordan Telecom，新形象由Landor設計，將電話線條的循環變為風箏，傳達自由與容易使用的通訊，較其他業者更為親和。後來引進france telecom投資，改用france telecom的標誌。

29. KT: 南韓最大的電信公司，國營Korea Telecom民營化後更名KT，並且僅用字體標誌取代資訊流與韓國風的舊造形，簡稱適合有眾多子公司的大企業，每個子公司都以企業簡稱做開頭方便統一，如KTF、KT Linkus等。

30. KDDI: 由國際電信電話KDD、第二電電DDI和日本移動通信IDO合組而成，新形象在字體標誌中展現天際弧線，概念源自舊標誌的地球與弧線；此外，KDDI旗下的移動通信服務則以au為品牌。

31. LG: 舊稱Lucky-Goldstar的LG Group，是韓國的大財閥，擁有電子、化學、通訊與服務三大事業，LG TeleCom為通訊事業公司，在手機製造市場上也有一片天。

32. kpn: 荷蘭Royal KPN NV從PTT分離出來，與皇家關聯的皇冠標誌不斷簡化，新形象去掉封閉的菱形，三個交疊氣泡造形代表網路、電話、電視三大事業領域。

33. MOTOROLA (美國)

→

→

34. mobistar (比利時)

→

→

35. MCI (美國)

→ MCI WORLDCOM →

36. NETZERO (美國)

→

37. NOKIA (芬蘭)

→

→

38. O2 (英國)

→

→

39. PANTECH (韓國)

→

40. Qwest (美國)

→

41. SK telecom (韓國)

→

42. Sprint (美國)

→

NEXTEL → NEXTEL

→

33. MOTOROLA: 公司名稱由Motor和ola所結合，原生產汽車音響，最近則賣掉汽車部門專注於手機事業，形象上的改變不大，以多樣化的標誌顏色來活化形象。2011年公司分拆成使用紅色標誌的Motorola Mobility與藍色的Motorola Solutions。

34. mobistar: 屬於Orange SA的移動通訊子品牌，標誌是狀似星星的人形，傳達貫徹生活服務的宗旨，新形象以按鍵形式傳達移動通訊的理念，做出獨特的區隔。

35. MCI: MCI Communications曾發展成為美國第二大長途電話公司，被WorldCom所併購，更名MCI WorldCom，但隨著WorldCom破產，再度恢復MCI名稱，獨特處為I字上的光芒，現已被Verizon所合併。

36. NETZERO: 屬於United Online的主要品牌，提供網路服務，舊標誌像閃電又如跳火圈，新形象去掉螺旋，仍以線條筆觸強調Z字的速度感。

37. NOKIA: 由橡膠、紙漿、電纜三個事業合併，轉而從事電子與通訊製造，直至拿下手機的世界第一名寶座，原三個事業合併的箭形標誌不再使用，單純強調NOKIA字體。

38. O_2: Cellnet原先由British Telecom與Securicor合資，再更名為BT Cellnet，從BT獨立出來後更名為O_2，形容手機對現代人的生活如氧氣般重要，現已被Telefonica併購。

39. PANTECH: 韓國的手機通訊公司，意涵All Technologies，陸續合併Curitel、SK teletech公司，有Pantech、Curitel、SKY等手機品牌名稱，漸漸已成為國際品牌。

40. Qwest: 名稱來自quest，輔助標誌傳達e時代的通訊，合併Bell的地區性公司US West，兩個公司名很巧都有west字尾，形象傳達光纖通訊的移動與連結。2011年被CenturyLink合併。

41. SK telecom: 韓國移動通訊KMT，加入舊名鮮京的SK集團後，更名SK telecom，新標誌用蝴蝶來寓意飛舞的通訊，蝴蝶的雙翅上有SK字樣圖案。

42. Sprint: 長途電話公司，原品牌名US Sprint，拿掉US字眼，與Nextel合併，紅色鑽石符號變為旋轉線條，仍與通訊的傳播特性有所關聯。

43. Sony Ericsson (瑞典)

SONY ERICSSON

44. 台灣大哥大 (臺灣)

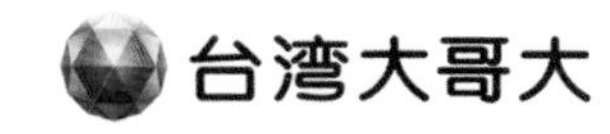

45. TDC Tele Danmark (丹麥)

46. TDS telecom (美國)

47. Tele Atlas (荷蘭)

48. TELECOM ITALIA (義大利)

49. TIM (義大利)

50. Telecom (紐西蘭)

51. Telefonica movistar (西班牙)

52. TELEKOM AUSTRIA (奧地利)

53. Telemig Celular (vivo) (巴西)

43. Sony Ericsson: 由專精消費電子與市場的Sony和通訊設備技術的Ericsson合作的手機品牌，球形標誌呈現透明與包覆的效果，應用在產品上難度非常高。2012年起Sony將全資擁有該公司。

44. 臺灣大哥大: 由太平洋電線電纜主導的移動通訊系統服務品牌臺灣大哥大，標誌為鑽石形態的多面球體，一度是臺灣最大的移動通訊系統品牌，隨著經營團隊的改組，鑽石更閃耀彩色光芒。

45. TDC Tele Danmark: 由公營獨佔的Tele Danmark電話，發展為民營的通訊集團，以簡稱TDC為新品牌，維持原有的平行四邊形的標誌印象。

46. TDS telecom: 屬於縮稱自Telephone and Data Systems的TDS公司，舊的矩形與字體標誌，被動態的箭頭造形取代，展現如電力公司般的強大能量。

47. Tele Atlas: 提供電子地圖服務，尤其是GPS興起更帶動需求，結合T與A的舊標誌無法展現公司特質，改以鴻鵠載著小孩為新標誌，開啟對世界的全新視野。

48. TELECOM ITALIA: 公司舊稱SIP，合併四家公司形成TELECOM ITALIA，所以舊標誌中有四線條象徵四家公司的組合，新形象將四線條減為三條並做延伸。

49. TIM: Telecom Italia Mobile的縮稱，漸漸形成國際的集團，雖已賣給Apax Partner，品牌仍保留原母公司的形象，以貼標的形式來呈現。

50. Telecom: 從紐西蘭郵政的電信部門分離出來，過去曾是紐西蘭唯一的通訊獨佔事業，才能以Telecom為品牌，新形象凸顯黃、綠、藍的色彩組合，很能代表紐西蘭的清新潔淨。但2010年更新標誌，塗鴉的線條多些想像空間，可能是星星或光纖。

51. Telefonica movistar: movistar是Telefonica Moviles無線網路的品牌，從星星的設計到被立體M字取代，呈現個性化的造形與光線，極有新時代的設計感，2009年底再次細調M字標誌與字體。

52. TELEKOM AUSTRIA: 早期屬於奧地利郵政和電報公司，故有一般郵政常用的號角圖案，新集團標誌源自前一代標誌的奧地利國家形象，但TV Asahi有類似的設計；集團中的固網業務與移動通訊合併，形成新的A1品牌。

53. Telemig Celular: 從Telebras分出的移動通訊公司，屬於巴西Minas Gerais州，命名為Telemig，新形象基於原有的標誌加以立體化，字體也稍事修改。2008年品牌改為vivo，營造非官僚的年輕形象。

54. telenor (挪威)

55. TeliaSonera (瑞典)

56. TM (馬來西亞)

57. tmn (葡萄牙)

58. verizon (美國)

59. versatel (荷蘭)

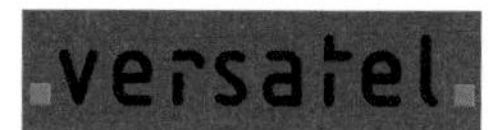

60. VIDEOTRON (加拿大)

61. VocalTec (以色列)

62. vodafone (英國)

63. wanadoo (法國)

64. WatchGuard (美國)

54. telenor: Norwegian Televerket更名為telenor，形象由環繞與擁抱的造形改為很像竹蜻蜓的新標誌，傳達輕巧而可攜帶的通訊概念。

55. TeliaSonera: 由瑞典Telia和芬蘭Sonera合併而成，公司新字體標誌現代而有細緻感，但兩個原有品牌仍繼續沿用。

56. TM: Telekom Malaysia品牌名改為TM，頗有電信業Trademark的宣示，舊有的t字標誌更改為大鵬展翅高飛的意象，企圖擺脫獨佔事業形象。

57. tmn: tmn（國家移動電信）屬於PT（葡萄牙電信），舊標誌以三個字母與橢圓營造圖地與陰陽的對比，新形象改用立體的t字標誌與圓角的字體線條使形象更為親和。

58. verizon: Bell Atlantic合併Nynex、GTE，成立Verizon，語意是垂直的平面（vertical horizon），寓意創新，標誌如光線折射也像打勾符號。

59. versatel: 荷蘭總公司賣給TELE2後，形象略做調整，改變整體色彩與增加左右兩藍色方塊配合TELE2的意象，而在德國的versatel則與Tropolys合併。

60. VIDEOTRON: 魁北克的整合通訊公司，從有線電視發跡，目前屬於Quebecor Media，舊形象以幾何的V字作組合標誌，箭簇的新形象表現前進的企圖心。

61. VocalTec: 最早推出網路聲音VoIP服務，透過網路可以打電話、聽音樂，這股潮流會持續延燒，呆板的舊標誌改為點線面的新設計，同時將V字呈現出來。

62. vodafone: 雄霸世界的移動通訊系統品牌，標誌像個引號，原文字標誌兩個O字則是對話，新形象標誌改為白色圓形包住紅色引號，字體則去掉對話的引號，比較易讀。

63. wanadoo: 原是france telecom的ISP品牌，名稱寓意「想要做」，刻意類似Yahoo的念法，標誌設計著重強調W字，已被Orange的品牌所取代。

64. WatchGuard: 網路連線的安全防火牆設備公司，舊標誌僅以鎖來強調安全性，新形象以放大鏡強調完整與嚴格檢驗，提升網路保護的感覺。

歸納

- 64個新標誌仍以藍色調為主色者最多，以圖案加字體做標誌的表現佔多數，另有如下的趨勢：
- 立體3D的效果與造形，如AOL、at&t、3、kpn、vodafone等共12個。
- 明顯的地域性名稱僅有france telecom、JAPAN TELECOM、TELEKOM AUSTRIA、TELECOM ITALIA等共4個，其他均將地域名改用縮稱以符合國際化。
- 手機與網路通訊帶動品牌名稱或表現之年輕化，如：BT、cingular、3、Sony Ericsson等。

Consumer Electronics

第四類：電子家電業

電子家電業不局限於各種大小型家用電器，更將車用、辦公用、電子遊戲軟體等消費性電子相關產業涵蓋於內。

IT產業將以電子家電業作為完結，因家電是日常生活中不可或缺的產品，故家電製造業也曾經風光一時，但一般家電不因流行而被淘汰，壽命週期較長，導致市場趨於飽和，必須結合IT科技，轉向先進的消費性電子產品，以消費性電子所具備時尚與炫耀的特質，再掀起一波市場的買氣；以電視機為例，傳統的映像管電視已成歷史，具數位多媒體功能的液晶或電漿電視漸成主流。

1. AIWA (日本)

AIWA → aiwa → AIWA

2. AKAI (日本)

AKAI → AKAI

3. ALPINE (日本)

ALPINE →

4. Amana (美國)

→ Amana →

5. AOC (中國)

→ AOC

6. ARISTON (義大利)

→

→

7. ATARI (美國)

→

→

8. AUDIOVOX (美國)

→

9. AUO (臺灣)

→

10. BANG & OLUFSEN (丹麥)

→ Bang & Olufsen →

11. BELTRONICS (美國)

→

1. AIWA: 名稱有"YES"的涵意，生產影視與音響，90年代因對數位化的適應不良，一度破產，現已是SONY的子公司，一直使用字體標誌為形象，新標誌則形成為圖案，具動感但不易閱讀。2008年已宣布結束營運。

2. AKAI: 原是日本影視與音響的老品牌，現已隸屬於香港的控股公司，沿用其品牌並發展出各種家電產品，形象的改變不大，每個單字雖做修正，看起來還是有些不順眼。

3. ALPINE: 原是Alps與Motorola合作的車用音響品牌Alps-Motorola，後來ALPS買下全部的股份，改名ALPINE，積極發展汽車多媒體與導航系統，新形象於原標誌旁加上五條線，代表公司與產品的五大優越性。

4. Amana: 最初以製作冰箱聞名，曾被國防武器公司Raytheon買下，現今則隸屬於Whirlpool公司，標誌的改變幅度小，最近則設計如鑲在冰箱上的銘板，同母公司Whirlpool的做法。

5. AOC: 原在臺灣生產電視機的艾德蒙海外公司，曾消失一陣子，現今已是中國的冠捷科技，網站上號稱是全球最大的顯示器製造廠，新字體標誌造形諧調性提升許多，不落俗套。

6. ARISTON: 算起公司的歷史來只是生產廚房用家電新秀，但成長快速，舊標誌中呈現電與火的形象，再簡化為單純的房屋造形，火紅的顏色與廚房用品有關連性，現今隸屬於Indesit公司。

7. ATARI: 美國的電腦製造公司被法國Infograms買下，以ATARI為品牌開展電子遊戲軟體，將圖形標誌放入字體標誌中取代A字，因頗具知名度，消費者大概還能辨識。

8. AUDIOVOX: 公司由生產音響擴及到影音多媒體，最近將手機部門賣出，專注於影音產品本業，標誌由蜂巢圖形到強調A字的造形，旗下還有Jensen、Advent等眾多品牌。

9. AUO: 由Acer Display Technology和Unipac Optoelectronics合併為AU Optronics（友達光電），近來標誌再改為AUO，縮小的U字形成特色，公司發展快速，已是世界數一數二的TFT-LCD大廠。

10. BANG & OLUFSEN: 談到高級音響不能不提及BANG & OLUFSEN，從最初生產B & O收音機，現已跨及醫療產品，產品企圖傳達最佳的工業設計與技術，新形象組合B & O標誌與BANG & OLUFSEN字體，反映優良的傳統與歷史。

11. BELTRONICS: 美國著名的反雷達偵測器品牌，雖要跟警方大鬥法，公司卻保持很低調，舊的BEL橢圓標誌，不能反映科技感，新設計以色彩做區分以強調BEL名稱。

12. BOSCH (德國)

13. Brandt (法國)

14. Candy (義大利)

15. Carrier (美國)

16. Clarion (日本)

17. crown (美國)

18. DAEWOO ELECTRONICS (韓國)

19. De'Longhi (義大利)

20. ELECTRONIC ARTS (美國)

21. efi (美國)

22. Eidos (英國)

12. BOSCH: 起源於近130年前製造引擎，因而在汽車零組件市場享譽盛名，是一擁有280多個子公司的工業集團，形象以工業鉚釘為圖案標誌，一度拿掉了鉚釘只用字體標誌，最近還是恢復圖案標誌，家電則與Siemens合資，但品牌各自獨立。

13. Brandt: 法國滾筒洗衣機、冰箱品牌，產品延伸到液晶螢幕，中文譯名為白朗，新形象強化右上斜的字形設計，與西班牙的Fagor合組成FagorBrandt集團，兩個品牌仍繼續並行使用。

14. Candy: 義大利第一家洗衣機品牌，並不賣糖果，字體標誌的演變有一定的形式，曾加入一斜方框，顯得干擾形象又被去掉，該集團也購併許多品牌，如：Hoover英國公司、義大利Kelvinat、法國Rosieres。

15. Carrier: 最早發明現代化冷氣機的公司，被United Technologies買下，公司標誌使用集團形象，而品牌則延續舊有標誌，造形的改變有限，一如FORD汽車的橢圓形象。

16. Clarion: 日本最早的汽車音響品牌，日本市場以Addzest為品牌，新形象拿掉音箱喇叭的標誌，表現立體感的字體。

17. crown: 生產專業用音響設備，屬於Harman International，反映公司名稱的皇冠標誌改變不大，新形象結合皇冠與圓形按鍵。

18. DAEWOO ELECTRONICS: 大宇電子雖有DAEWOO集團庇護，但業績不如三星與LG，新設計去掉集團形象，DE標誌設計也有特色，但似乎仍不能挽救被賣掉的危機。

19. De'Longhi: 從100年前的零件工作坊直到1950年代才成為公司，生產電熱、空調產品，是歐洲主要品牌，而其標誌之改變不大，呈現耐用、穩重可信賴的形象。

20. ELECTRONIC ARTS: EA互動遊戲軟體由發行到自行開發，舊標誌圖形的確反映電子藝術，但無法辨識EA，新標誌做了改變，畢竟品牌名稱太長需要易讀的縮稱。

21. efi: 公司全名Electronics for Imaging，新公司形象以縮稱efi表現科技的尖銳性，fiery是其提升電子印刷的品質與效率之伺服器品牌，而另一子公司VUTEk生產超寬幅噴墨印表機。

22. Eidos: 性質如同美國的EA，是英國互動軟體的領導者，被SCi Entertainment Group收購，舊標誌只有名稱字體，新形象如一射出的矛，宣示在市場中前進與突圍。2009年轉售給Square Enix。

23. Electrolux (瑞典)

24. EMERSON (美國)

25. Frigidaire (美國)

26. GE (美國)

27. gemini (美國)

28. Haier (中國)

29. Harman International (美國)

30. HOOVER (美國)

31. Hotpoint (英國)

32. HOSIDEN (日本)

33. Indesit (義大利)

23. Electrolux: 瑞典Electrolux家電集團是個奇蹟，併購許多著名品牌，如：AEG、Frigidaire等，1962年設計出經典的E字標誌，使用至今，但漸強調其字體標誌。

24. EMERSON: 跨業種的大型機電公司，以EMERSON Appliance Solutions為品牌，提供家電用品製造業各種技術整合服務，舊標誌是電機公司的刻板印象，新形象設計出三道在空間中轉折與交織的線條，象徵服務的多元化。

25. Frigidaire: 中文譯名為「富及第」，在1916年發明了第一部電冰箱，被White Consolidated Industries買下，旗下有Kelvinator、White-Westinghouse等品牌，再被Electrolux合併，形象由復古氣息的書寫字體，變為強調現代感的三角形A字。

26. GE: 同樣是跨業種的大型電機公司，也有家電與消費性電子產品，標誌被視為美國人心中的資產已不容改變，新形象僅做微幅調整與顏色變化，以新標語imagination at work取代公司名稱，公司專用字體名為GE inspira，似VAG Rounded字形。

27. gemini: 生產專業的音響設備，品牌形象維持原字形，但原公司名稱Gemini Sound Products則更名為GCI Technologies，取Gemini、Cortex、iKey三品牌的字首。

28. Haier: 中國最大家電集團主要產銷冰箱、冷氣機等，積極國際化、多角化，成為世界重要白色家電品牌，2005年更新標誌，特色在r字的刻意處理，曾使用臺灣紅的色彩，再改為深藍。

29. Harman International: 旗下許多著名音響品牌，如：harman/kardon、Mark Levinson、JBL等，標誌由H與I字組合，更新形象的標準字用無襯線字形，將字體全部改為小寫，一如harman/kardon的現代感。2010年再更新形象，顯現領導者的沈穩。

30. HOOVER: 產銷地板清潔機器，從買下吸塵器發明專利後不斷創新，至今幾乎就是吸塵器的代名詞，標誌改變不多，右上斜向速度感，公司被Maytag併購，如今又併入Whirlpool。

31. Hotpoint: 開始一直與GE合作，轉了幾手到Indesit旗下，字體大多維持圓角的轉折，圖形標誌由H字造形變為圓角方形上有一圓點，呼應品牌名稱。

32. HOSIDEN: 中文譯名為「星電器」，主要產銷電腦與影音設備的連接器與電子零件，反映公司名稱以星星為標誌，品牌由底色反白形式改為正形。

33. Indesit: 公司從Merloni分離出來，原名Merloni Elettrodomestici，因品牌名Indesit比較強勢，公司也更名為Indesit Company，形象由切割銳利的I字標誌轉變為近似開啟的符號，購併Hotpoint、Ariston等品牌，成為歐洲最主要家電公司之一。

34. iriver (韓國)

→

iriver

35. JENN-AIR (美國)

→

36. Kenmore (美國)

→

→

37. Kelvinator (美國)

→

38. KONAMI (日本)

→

39. KRUPS (德國)

→

→

40. MAYTAG (美國)

→

→

41. NORELCO (美國)

→

→

42. novasa (丹麥)

→

43. Polaroid (美國)

→

Polaroid

→

44. Oster (美國)

→

Oster

34. Iriver: 韓國MP3品牌，母公司ReignCom是由Samsung高階經理人所成立，舊標誌想表現數位的形象，大小寫混合的並不理想，新標誌獨特且線調比例精確。

35. JENN-AIR: 該品牌不是航空公司，生產較高級的廚房嵌入式家電，帶來廚房新面貌，原是Maytag的旗下，再併入Whirlpool，原三個V形標誌簡化為一個，也像J字。

36. Kenmore: Sears集團銷售的家電品牌，主要產品是冰箱、洗衣機，大多委由Whirlpool製造，舊標誌字體造形雖有一定水準，但已顯得古老，更新形象強調現代化與快速度感的便利性。2010年再換新標誌，設計也像是鑲在冰箱上的銘板。

37. Kelvinator: 最早成立於美國，名稱源自絕對零度理論的Kelvin，但銷售地卻是澳洲，圖形標誌是個鐵甲武士，強調產品的耐用，現今聯合Electrolux標誌以呈現集團品牌形象。

38. KONAMI: 擁有健康與電玩娛樂兩個事業主軸，舊形象有太過度的醫療感，新標誌採用介於有襯線與無襯線間的現代字體，設計反映出提升生活品質的理念。

39. KRUPS: 以咖啡壺、廚房電器用品著稱，屬於法國Groupe SEB，但小家電面臨激烈的低價競爭，遂朝向開發醫療保健產品，形象一直維持字體標誌，追求更純粹的現代感。

40. MAYTAG: 開啟機器洗衣的時代，為宣傳公司對品質的重視，廣告中Ol' Lonely孤獨的修理人員成了家喻戶曉的表徵，2006年賣給Whirlpool，結束112年獨立公司的悠久歷史，品牌標誌則調整似盾牌形狀。

41. NORELCO: Philips在北美的電動刮鬍刀品牌，因美國市場不太接受外國品牌，直到2005年才掛上Philips的標誌，新圖形標誌極度扭曲，好像被打歪似的。

42. novasa: 丹麥新成立的互動遊戲公司，原標誌像Saturn釷星汽車，寓意新興起的星體，新圖形改為單純的兩道線條，仍有衛星環繞的宇宙印象。

43. Polaroid: 以快速顯像相機聞名，底片中文譯名「拍立得」，真是太精彩，但轉型數位相機太慢，以致失去市場，現正在電子、數位與色彩領域積極的追趕，新形象也反映了需求。

44. Oster: 食物攪拌器等小家電品牌，與Sunbeam合併，後來賣給Jarden，新標誌延伸O字中的十字星光芒，取消文字上的橫線，創新中仍維持原來的基調。

45. PLANTRONICS (美國)

46. SIEMENS (德國)

47. SYLVANIA (美國)

48. Sunbeam (美國)

49. RCA (美國)

50. Rowenta (法國)

51.SEGA-SAMMY (日本)

52. SENNHEISER (德國)

53. SUMEA (芬蘭)

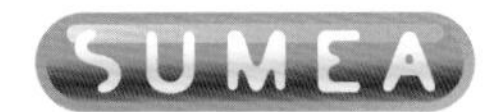

54. Schneider Electric (法國)

55. Tefal (法國)

45. PLANTRONICS: 公司成立之初名為Pacific Plantronics，是輕量移動通信用耳機的領導品牌，阿姆斯壯登陸月球時用的麥克風就是該公司產品，形象維持由點向外擴散的聲音印象。

46. SIEMENS: 近160年悠久歷史，又是個龐大的企業集團，由Siemens & Halske（S&H）為主體組成Siemens AG，大部分產業在自動化、通訊、交通等，家電產品則與BOSCH合作開發。

47. SYLVANIA: Osram從美國的GTE買下SYLVANIA照明部門，標誌一度聯合Osram名稱，新形象是仿照Osram的標誌，現今為Siemens旗下公司。

48. Sunbeam: 公司更名為AHI後雖賣給Jarden，品牌還很強勢，書寫體的形象逐漸修正到非常完美，弧線如陽光劃過天際。

49. RCA: RCA買下Victor Talking Machine，也就擁有小狗聽圓盤唱機的商標，後來Thomson SA從GE手中取得消費性電子的RCA商標權，使用新的標誌；SONY BMG則拿下唱片音樂的小狗商標權，而JVC也只能在日本國內用小狗商標。

50. Rowenta: 源自1884年公司悠久歷史的德國品牌，在創業時主要出產簡單的煙具、筆記用具、洗臉用具等等，直到二次世界大戰後，才開始研發小型家電用品，歷史已邁入第三個世紀，現已屬於法國Groupe SEB。

51. SEGA-SAMMY: SEGA生產電子遊戲機與軟體，而SAMMY生產彈珠台（柏青哥），兩家公司合併，擴大電子遊戲機台的開發，兩個S連結與包覆，象徵緊密合作的關係。

52. SENNHEISER: 專業用麥克風與耳機的品牌，起初名為Labor W，標誌改變循序漸進，拿掉象徵聲波的波浪造形。

53. SUMEA: 芬蘭的手機遊戲軟體開發公司，名稱簡短而年輕，新形象基於原有的標誌加以立體化，現已併入美國Digital Chocolate遊戲軟體公司。

54. Schneider Electric: Groupe Schneider更名為Schneider Electric，更加專注於電子控制與電機工程，新橢圓形標誌源於舊設計，也曾做立體化表現，最新綠色標誌顯得收斂了許多。

55. Tefal: 品牌名組合Teflon和Al（鋁），使用Teflon發明不沾鍋，屬於法國Groupe SEB，生產電熱小家電，形象由大寫變為大小混合，剛硬轉為柔和。

56. THOMSON(technicolor) (法國)

THOMSON → THOMSON →

57. THQ (美國)

→ THQ →

58. UBISOFT (法國)

→

59. vivendi (法國)

→ VIVENDI UNIVERSAL →

60. West Bend (美國)

→ WEST BEND →

61. Whirlpool (美國)

→

→

62. XBOX (美國)

→

63. Vertex Standard (日本)

→

64. YORK (美國)

→

65. ZANUSSI-Electrolux (義大利)

→

→

66. Zenith (美國)

→

→

56. THOMSON: 以Thomson為品牌公司非常多，生產消費電子的Thomson Multimedia改回原Thomson SA，而航空國防的Thomson-CSF更名Thales，新形象仍源自舊標誌的圖案漸變而來，最後只保留字體標誌。2010年更名為Technicolor。

57. THQ: 縮稱自Toy Headquarters，由生產玩具轉移到互動軟體的出版與研發，舊字體標誌方正穩重，新標誌則改為長條狀，強化科技的前進與動感。2011年再更新標誌，Q字是設計特色。

58. UBISOFT: 互動遊戲軟體出版與研發，舊標誌的彩虹弧線已太常見，形象改用立體的螺旋圖案，吉祥物是遊戲的主角無手臂無腿的Rayman。

59. vivendi: VIVENDI UNIVERSAL媒體集團名稱簡化為vivendi，新形象的字體更富個性，其中負責互動軟體的vivendi games，與Activision合併為新公司Activision Blizzard。

60. West Bend: 歷史悠久的廚房小家電品牌，已賣給Focus Products Group，舊標誌的菱形向四方擴展，新字體標誌的細線則刻意斷掉，有型版（Stencil）字體的味道。

61. Whirlpool: 從1911年代工公司到現今買下Maytag成為世界最大的家電公司，公司標誌源自洗衣機中的水流，形象變更不大，最新標誌從鑲嵌在產品上的銘板設計跳脫出來。

62. XBOX: 微軟的第6代遊戲機和Sony的PS 2競爭，形象極為尖銳，進化到第7代的XBOX 360，其標誌如爆開的球體，似乎寓意新產品的誕生。

63. Vertex Standard: 原名YAESU八重洲無線，從Marantz Japan手中買下Standard品牌，公司遂更名Vertex Standard，加上VS新標誌，呈現國際形象。

64. YORK: 專業的商用空調冷凍品牌，一般消費者可能不太熟悉，被Johnson Controls併購，新形象標誌以冷熱符號傳達產業特性。

65. ZANUSSI-Electrolux: 歷史悠久與著名家電品牌，舊標誌的星球表現未來感，與其銀白色產品相呼應，雖被Electrolux所合併，但ZANUSSI標誌還掛在Electrolux之上。

66. Zenith: 由最初的收音機發展到消費性電子，發明遙控器改變使用行為模式，現隸屬LG集團，電波Z字形象極具盛名，更獨立為圖案標誌。

歸納

- 標誌以藍色調為主色者有19個最多，以紅色調為主色者有16個，而單純以黑白表現有12個，黑白已漸成另一主流。
- 以圖案加字體有33個，其中採具象圖案僅4個，大多用抽象的圖形或文字圖案，而單純使用文字標準字體為標誌者也有33個。
- 電子家電業的標誌經常需做成銘版貼到產品上，過度複雜與渲染的色彩只會增加複製的難度，故不常見。
- 家電業的利潤愈來愈少，公司不斷合併，形成Whirlpool、Electrolux等超大的家電集團。

Transport

運輸就是把人、物從甲地送到乙地，從使用人力到車輛以至飛機，不但促進交流更活絡經濟。尤其人類一直夢想能像鳥般飛翔，飛機發明後，人類雖不能自己飛起來，卻可直上青天，也帶動各國人口大量移動，早已沒有了國界；除了空運，還可選擇較經濟的船舶海運，運載量相對較大；十九世紀末運輸主力的火車則有些式微了，汽車大幅度搶走了內陸運輸與旅遊的商機，直至高速鐵路的興起又有了嶄新的紀元。

第五類：航空運輸業

航空運輸業以航空為主，加上火車、巴士等大眾運輸之業者之外，涵蓋快遞與貨運、船運，但郵輪則另屬旅遊業。

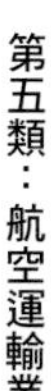

1. Aer Arann (愛爾蘭)

→

2. Aer Lingus (愛爾蘭)

→
Aer Lingus
→
Aer Lingus

3. AEROFLOT (俄羅斯)

→

→

4. AEROLINEAS ARGENTINAS (阿根廷)

→

→

5. AeroMexico (墨西哥)

→
aeromexico
→

6. AIR ATLANTA ICELANDIC (冰島)

→

7. airBaltic (拉脫維亞)

→

→

8. AIR BOTSWANA (波札那)

→

9. AIRBUS (法國)

→

→

10. AIR CANADA (加拿大)

AIR
CANADA
→

Canadian
→

→

1. Aer Arann: 以總稱為Aran的三個群島命名，原是愛爾蘭區域航空，近10年來則較有成長，積極開拓國際航線，原向左的飛鏢形標誌，配合新字體而改向右，並去掉被認為是小型航空公司的epress字樣。

2. Aer Lingus: 愛爾蘭國家航空，意義為Air Fleet，長久以來用酢醬草為標誌，也是國家慶典St. Patrick's日的象徵，新形象的酢醬草具飄動感，與細緻字體的整體搭配性佳，g與u兩字更巧妙的相連，目前是Oneworld航空聯盟的成員。

3. AEROFLOT: 俄羅斯國營航空，意義同為Air Fleet，航空過去在蘇維埃時代是獨佔事業，曾發展為世界最大航空，目前是Sky Team航空聯盟的成員，將原象徵共產黨的標誌縮小，近來又在英文字體中加入象徵由蘇維埃變成俄羅斯的紅白藍國旗線條，營造飛揚飄動感。

4. AEROLINEAS ARGENTINAS: 阿根廷最大航空，由LADE與FAMA等合併，舊標誌中呈現飛翔的禿鷹，新形象拿掉禿鷹且更新字體，但只呈現單純的國際化，缺乏視覺的特點。2010年再把禿鷹放回來。

5. AeroMexico: 墨西哥最大航空，由Aeronaves de Mexico發展而來，再改組為Aerovias de Mexico，帶著鷹帽的戰士造形不斷抽象與柔化，字體隨著更新，形象維持歷史傳承，是Sky Team航空聯盟的成員。2007年賣給Banamex金融集團。

6. AIR ATLANTA ICELANDIC: 1986年以出租飛機起家，基於原有的基礎於2005合併Islandflug年成立Avion Group，業務包含航空與運輸，由單純的維京人頭形象轉變為全球的服務形象。

7. airBaltic: Baltic International Airlibes更名airBaltic，是拉脱維亞國家航空，由SAS和拉脱維亞政府共同投資，舊形象的格狀點B字是其特色，但辨識卻稍弱，而新形象只用單純的字體標誌，大寫B字仍是其特色。

8. AIR BOTSWANA: 波扎那國家航空，地處南非共和國北邊的波扎那，是個完全不靠海的內陸國家，標誌由變體的AB字樣改為似斑馬的皮毛紋理圖案，強調非洲當地野生動物的特色。

9. AIRBUS: 由法德西三國合組的EADS和英國BAE System共同投資，一度超越波音成為商用航空器的領導者，空中巴士名稱雖響亮易記，但對超大客機A380來説格局卻太小，也容易誤以為是機場巴士，標誌採旋轉的造形，與其説像渦輪，倒像是S字形。

10. AIR CANADA: TCA發展成AIR CANADA，是加拿大國家航空與最大的航空，合併曾是第二大的Canadian Airlines，但終究宣告破產，另組ACE Aviation Holdings為母公司，迅速脱離破產，標誌一直是加拿大國家象徵之楓葉，字體則不斷更新以調整形象，是Star航空聯盟成員。

11. AIR FRANCE KLM (法國)

→ AIR FRANCE KLM

12. AIR FRANCE (法國)

→

→

13. KLM (荷蘭)

→

→

14. air Jamaica (牙買加)

→

→

15. AIR INDIA (印度)

→

→

16. Air Madagascar (馬達加斯加)

→

→

Air Madagascar

17. AIR MALTA (馬爾他)

→

→

18. Air New Zealand (紐西蘭)

→

→

19. AIR PACIFIC (斐濟)

→

→

20. AIR SAHARA (印度)

→

→

21. air transat (加拿大)

→

→

11 AIR FRANCE-KLM: SkyTeam航空聯盟成員，由歷史悠久的法國AIR FRANCE和荷蘭KLM合併成立，暫居世界第一大航空，初期形象只用弧線聯合兩個品牌標誌，新形象則有兩者相加的意念。

12. AIR FRANCE: 1933年由Air Orient、Aéropostale等五家航空合併而來，二次世界大戰後成為國營航空，曾與英航擁有轟動一時的協和號，但該型飛機因耗油、噪音、高維修成本等因素而退休，形象由魚尾的飛馬標誌改變為國旗顏色線條，傳達現代法國形象。2009年又調整形象，圖案簡潔有力。

13. KLM: 意為Royal Aviation Company，史上成立最久且未曾改名的航空，雖已被合併，但品牌至少沿用到2008年，經典的抽象皇冠標誌再由F.H.K. Henrion設計後，已歷經50年未曾改變過。

14. airJamaica: 牙買加國營航空，主要吸引美國、加拿大與英國遊客飛往這個位於加勒比海的渡假勝地，初期以太陽為標誌，再改以長尾的天堂鳥為形象，新字體表現在r與J兩字的關連。

15. AIR INDIA: 由Tata Airlines發展為印度最大的國家航空公司，與另一國營航空Indian Airlines有別，以人頭馬的射手為標誌象徵移動與速度，並逐漸修改指向右上方，更展現動感。2007年合併Indian Airlines後更新標誌，圖案為形似太陽的脈輪置於紅色的天鵝之中。

16. Air Madagascar: 初名Madair，好像是生氣的航空，隨即改名Air Madagascar由馬達加斯加政府和法國航空共同持股，原類似棕梠樹的標誌漸演變為更像開屏的孔雀。

17. AIR MALTA: 馬爾他是義大利南方小島國，脫離英國獨立，並建立其國家航空，由十字星紋疊上飛獅標誌到只保留十字星紋，反映英國頒贈的George Cross獎章與羅馬天主教的信仰。

18. Air New Zealand: 由TEAL轉變而來，紐西蘭政府買下澳洲政府所有股權後名Air New Zealand，改變TEAL原抽象的飛鳥而以螺旋簇形為標誌，有紐西蘭原住民的圖騰精神。

19. AIR PACIFIC: 最初名為Fiji Airways，更名為AIR PACIFIC，由斐濟政府與Qantas共同投資，標誌由大旗魚逐漸再加上彩虹，新形象只留下彩虹尾翼，相對的大洋洲島國的特色無法彰顯。

20. AIR SAHARA: 印度國內航空Sahara Airlines更名為AIR SAHARA，開拓國際航線，形象保留字尾A字的拖曳，2007年被Jet Airways購併，更名為JetLite。

21. air transat: Nordair被Canadian Airlines合併時，由Nordair的員工另組成立，主要經營假期航空，發展至今已是加拿大主要航空公司，新形象在字體上延續舊有的斜角切割設計感，加入躍動的星星圖形為標誌。

22. Alitalia (義大利)

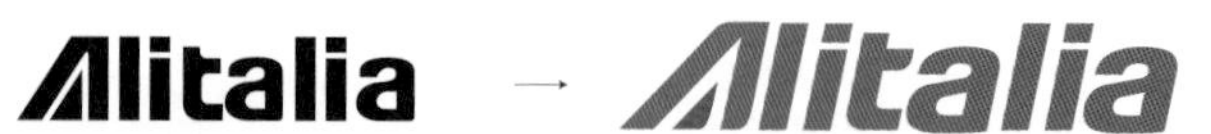

23. ALLIED (美國)

24. American Airlines (美國)

25. AMTRAK (美國)

26. ASIANA AIRLINES (韓國)

27. ATLAS AIR (美國)

28. Alaska Airlines (美國)

29. ANA (日本)

30. Austrian (奧地利)

31. Avianca (哥倫比亞)

32. bahamasair (巴哈馬)

22. Alitalia: 義大利國家航空Aerolinee Italiane Internazionali就是熟知的Alitalia，線條字體，如尾翼的A字標誌是設計經典，改為斜體字反映企業隨時代而前進，色彩是典型義大利的紅配綠。

23. ALLIED: 2002年Allied Worldwide合併NorthAmerica、Global，公司更名Sirva，而Allied品牌則繼續存在，A字標誌中嵌入美國的公路標誌，有著標榜第一的宣示。

24. American Airlines: 美國最大的航空，母公司為AMR Holidings，老鷹標誌經數度調整，過長的名稱曾改用簡稱AA，合併TWA時反倒以全名American Airlines為形象，但目前還是回歸使用AA老鷹標誌，企圖找回深留在旅客記憶裡的榮耀。2011年底母公司AMR經營陷入困境，聲請破產保護。

25. AMTRAK: 美國國家鐵路旅客公司的品牌，複合American和track二字，是連接大都市的載客火車系統，早期傳達火車與軌道的直接形象，而為了迎接高速鐵路時代，新形象以抽象的軌道訴求速度感。

26. ASIANA AIRLINES: 韓亞航空屬於Kumho Asiana Group（錦湖韓亞集團），集團為統一下屬的各公司形象，完成如指標的A字標誌，韓亞航跟著換掉韓國傳統服飾標誌，表現全新的國際形象。

27. ATLAS AIR: 美國的貨運航空，與更大型的航空公司簽約提供租機服務，使用將地球扛在肩膀上的希臘神Atlas為形象，寓意服務全球。

28. Alaska Airlines: 與姊妹公司Horizon Air屬於Alaska Air Group，由地區性小公司，發展為航空集團，穿著厚重衣服的愛斯基摩人形象雖被豪邁的手寫字取代，還是可見將愛斯基摩人當圖案來使用。

29. ANA: 公司原名Nippon Helicopter，更名為All Nippon Airways全日本空輸，簡稱為全日空，聽起來很奇怪，現已是日本第二大航空，以英文ANA形象走入國際。

30. Austrian Airlines: 奧地利國家航空，由國家的工業控股公司OIAG掌握大部分股權，原箭簇標誌經立體化如飛翔的鳥，新形象找回最初1957年的飛鳥標誌精神，強調奧地利的國旗紅色。

31. Avianca: 美洲歷史最悠久的航空公司，由SCADTA合併SACO發展而來，是哥倫比亞國家航空，新形象將單純的字體加入飄動的哥倫比亞國旗的色彩線條，進入字首A字，形成視覺焦點。

32. bahamasair: 巴哈馬國家航空，成立起因1970年石油危機時英國航空停飛巴哈馬，由初期幾何的B字圖案，再改用幾何圖案組合出群島的印象，而新形象只用單純的字體標誌，說明標誌單純的重要性。

33. bmi (英國)

British Midland

→

→

34. BOEING (美國)

→

→

35. BNSF (美國)

→

→

36. BRITISH AIRWAYS (英國)

→

→

37. CANADIAN PACIFIC RAILWAY (加拿大)

→

CANADIAN
PACIFIC
RAILWAY

→

CANADIAN
PACIFIC

38. CATHAY PACIFIC (香港)

→

39. CHINA AIRLINES (臺灣)

→

40. Coach America (美國)

→

41. Continental (美國)

→

→

42. CYPRUS AIRWAYS (塞普勒斯)

→

→

43. Delta (美國)

→

→

33. bmi: 最初只是航空學校，後來成立Derby Airways，再更名British Midland Airways（BMA），當SAS將股權轉賣給Lufthansa後品牌改為bmi British Midland，再簡化為bmi，形象採更簡潔而清新的面貌。2010年卻再度使用全名British Midland International。

34. BOEING: 擁有航空與國防兩大事業，在商用航空器的製造上面對Airbus的強大競爭，已漸失去獨霸地位，有待振起，但形象還局限於航空器的製造，已不能傳達未來願景。

35. BNSF: 鐵路貨運Burlinton Northern和ATSF（Santa Fe）合併，成為美國第二大鐵路貨運，初期標誌反而延續Santa Fe形象，新標誌結合BNSF字樣與無限延伸的軌道。

36. BRITISH AIRWAYS: 英國BOAC沿用前身Imperial Airways的飛鳥標誌，合併BEA形成BRITISH AIRWAYS，標誌由飛鳥變為箭簇再到飄動的絲帶，兼顧前進與柔和的形象。

37. CANADIAN PACIFIC RAILWAY: 母公司CP集團一度將其更名為CP Rail，也跟集團統一形象，CP集團瓦解而獨立出來，找回海狸標誌來象徵努力工作的歷史價值。但最新標誌只留CANADIAN PACIFIC單純字體，彰顯現代化的經營。

38. CATHAY PACIFIC: 香港國泰航空，當初命名取CATHAY是中國的古名，而PACIFIC是飛越太平洋到美國的願景，屬於Swire Group。

39. CHINA AIRLINES: 中華航空是中華民國航空，不是Air China，簡稱CAL的標誌，新形象以國畫形式之梅花為標誌，複製當然有其困難度。

40. Coach America: 原名CoachUSA，公司更名Coach America，品牌仍為CoachUSA，還擁有GreyLine、Amerian Coach等品牌，屬於英國Stagecoach Group。

41. Continental: 各行業中被極度普遍使用的名稱，只譯為「大陸航空」很容易誤以為是中國大陸航空，應正名為「美國大陸航空」，舊橢圓標誌有飛行的意念，但似乎煙霧太多，立體化的地球標誌象徵飛遍整個地球，地球上的方格原為金色，現今改為單色處理，減低複製的難度。

42. CYPRUS AIRWAYS: 塞普勒斯是位於土耳其南方的島國，曾是英國屬地，國家航空以特有的山羊Mouflon為標誌，新形象強化圖形與字體的整體性。

43. Delta: 名稱意義為三角洲，從飛機清潔公司發展為大型航空，2005年卻宣告破產，進行重整以脫離困境，向上的三角形標誌簡潔有力，標準字則不斷調整，2007年脫離破產保護，近一步更新堅實的形象。

44. DHL (德國)

→

45. DB (德國)

→

→

46. Egypt Air (埃及)

→

→

47. Emirates (阿拉伯聯合大公國)

→

48. Ethiopian (衣索匹亞)

→

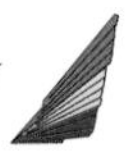
→

49. FINNAIR (芬蘭)

→

→

50. GREYHOUND (美國)

→

→

51. GULF AIR (巴林)

→

→

52. HAWAIIAN AIRLINES (美國)

→

→

53. ICELANDAIR (冰島)

→

→

54. LAN (智利)

→

→

44. DHL: 名稱是結合三個創辦人姓氏的首字而成，承攬美國夏威夷與舊金山間的快遞業務，已被Deutsche Post買下，除原紅色標誌外，加上德國郵政集團的黃色形象。

45. DB: 結合原西德DB與東德DR成立新Deutsche Bahn，也稱為Die Bahn意思就是"the railway"，形象延續自舊的DB，表現直接而簡潔，外框或許能連想到車廂或軌道。

46. Egypt Air: 最早名為Misr Airwork，結合敘利亞航空成立UAA，再更名Egypt Air，以著名的鷹頭神畫像為標誌，民族風格顯著。

47. Emirates: 阿拉伯聯合大公國結合了七個酋長國，Emirates是杜拜的航空公司，Etihad是阿布達比的航空公司；Emirates新形象僅將文字略微修整，變得更優雅而細緻。

48. Ethiopian: 衣索匹亞國家航空，由美國TWA協助成立，雄獅標誌用了十餘年後改為飛翼，顏色是國旗三個線條顏色。

49. FINNAIR: 芬蘭國家航空，初名Aero Oy，芬蘭政府接手後，1953年改名FINNAIR，標誌以F字象徵藍色翅膀，新標誌改以方形為背景，圖形中融入象徵全球的弧線。2010年再更新形象，F字圖案與FINNAIR字體可分離獨立使用。

50. GREYHOUND: 灰狗巴士傳奇開始於1914年，遭受強大的低價競爭後，風光不再，現已隸屬於校車服務公司Laidlaw International，但灰狗標誌仍是經典之作，令人一再傳誦。

51. GULF AIR: 巴林與阿曼的國家航空，原本也是阿布達比國家航空，Etihad成立後Gulf Air就撤出阿布達比，新形象調整老鷹造形，使其更有中東風格與貴氣。

52. HAWAIIAN AIRLINES: 初名Inter-Island Airways，拜夏威夷觀光之賜而擴大，目前也剛從破產重新再造成功，舊標準字體難以辨識，新形象使夏威夷美女更現代化，標準字也易讀與柔和。

53. ICELANDAIR: Flugfelag Islands 合併Loftleidir成立Flugleidir，英文名Icelandair，因此標誌是F字形，也似舊Flugfelag飛馬標誌的翅膀。

54. LAN: LAN Chile-Línea Aérea Nacional de Chile發展為集團公司，與各子公司Lan Peru、Lan Ecuador等將地域名全部去掉統一為Lan Airlines，原制式化的星星圖案演變為飛躍的形態。

55. Lufthansa (德國)

→

→

56. MAERSK LINE (丹麥)

→

→

→

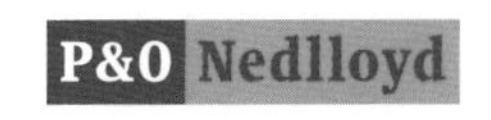

57. Malaysia Airlines (馬來西亞)

→

→

58. MALEV (匈牙利)

→

→

59. MEXICANA (墨西哥)

→

→

60. MIDWEST AIRLINES (美國)

→

61. Monarch (英國)

→

62. nwa (美國)

→ NORTHWEST AIRLINES →

63. National Express (英國)

→

64. National Rail (英國)

→

→

55. Lufthansa: 原名Deutsche Luft Hansa，德國分裂時東德國家航空原本也想用Lufthansa為名，但被西德抗議，改用Interflug，德國再度統一後，只留下Lufthansa，其鶴形標誌為經典代表作。

56. MAERSK LINE: 丹麥A.P. Moller-Maersk集團的船運品牌，MAERSK合併Sealand再併P&O Nedlloyd，採用品牌名MAERSK LINE，成為世界最大船運，配合七角星星標誌，字體維持直角之剛硬風格。

57. Malaysia Airlines: 由最初Malayan Airways 改為Malaysia-Singapore Airline，標誌是長翅膀的飛虎，再到Malaysia Airlines（MAS），開始導入著名的風箏標誌，如今風箏更展現飛揚的形態。

58. MALEV: 匈牙利國家航空，形象大致以匈牙利國旗色的機尾翼，與義大利旗色雷同，新形象僅以青色單色呈現，為OneWorld聯盟一員。

59. MEXICANA: 原名為CMTA，起初使用小飛機開始運鈔業務，現已成為墨西哥第二大航空，標準字體改全部大寫，而老鷹標誌的頭順著閱讀方向由朝左轉向朝右。2008年更改形象，反白的老鷹似乎很不明顯。

60. MIDWEST AIRLINES: 起於Kimberly-Clark公司自行購買飛機為其主管提供飛行服務，後來成立Midwest Express，再更名Midwest，新標誌中藏個不顯眼的M字。

61. Monarch: 專飛旅遊渡假地點的包機航空，使用「君主」為名稱，標誌不免是皇冠，但M字像兩個人提著物品，新皇冠標誌強調中央的鑽石形，既現代感又結合了三個人形。

62. nwa: Northwest Airways由運送郵件業務開始，Northwest Airlines標誌NW兩字巧妙的結合並指向西北方，新形象縮稱nwa，現正從破產中恢復過來，不過獨立的三角形似乎朝下，反而缺乏提振力。2010年已整合併入Delta。

63. National Express: 英國國家巴士公司（NBC）的長途巴士品牌，NBC民營化後由National Express Group經營，新標誌傳達搭乘交通工具轉運的意涵。

64. National Rail: 英國國鐵British Rail民營化後由26個鐵路公司組成ATOC，營運品牌改為National Rail，承襲自British Rail的雙向箭頭標誌。

65. PIA (巴基斯坦)

66. QANTAS (澳洲)

67. Ryder (美國)

68. SAS (瑞典)

69. Saudi Arabian Airlines (沙烏地阿拉伯)

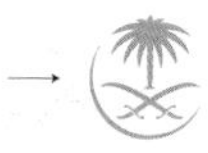

70. SINGAPORE AIRLINES (新加坡)

71. SNCF (法國)

72. SN Brussels Airlines (Brussels Airlines) (比利時)

73. South African Airways (南非)

74. SOUTHWEST (美國)

65. PIA: 源自巴基斯坦建國前一年的Orient Airways，起初以飛機劃過PIA文字為標誌，然後改以巴基斯坦文字為圖案，並強化國家的綠色形象。

66. QANTAS: 名稱源自Queensland and Northern Territory Aerial Services，QANTAS合併舊的Australian Airlines，但2001年又有新成立的Australian Airlines，QANTAS再度買下該公司；袋鼠標誌原本長著翅膀，後來袋鼠在紅色三角形中反白，增加前進的力量。

67. Ryder: 從貨車租賃業務到物流配送，貨車被恐怖分子放置炸彈以攻擊美國，如此一來形象需大幅改變，車體色由黃改為白色，新標誌則如同日晷。

68. SAS: 全名為Scandinavian Airlines System，由丹麥、挪威與瑞典三國共同投資，第一家飛越北極的航空，以節省飛行時間，目前集團包含airBaltic、Spanair等。

69. Saudi Arabian Airlines: 沙烏地阿拉伯航空史起於美國羅斯福總統送給沙烏地國王一架DC-3飛機，標誌是皇家的徽章，一度曾使用漸層色調，標誌改用阿拉伯鍾愛的金色。

70. SINGAPORE AIRLINES: 從Malaysia-Singapore Airline分離出來，安全與服務備受肯定，更是第一家使用A380飛機的航空公司，其飛鳥形象也跟著聞名。

71. SNCF: 法國國鐵公司，包含TGV高速列車的營運，舊標誌是軌道線條，加上上下兩道線條反倒成了航空郵件的意象，新形象字體並以漸層色調為底。

72. SN Brussels Airlines: 當Sabena破產後，為免得比利時失去國家航空，SN Airholding 取得Sabena的子公司DAT，成立SN Brussels Airlines，延續球形S字標誌，已和Virgin Express合併成Brussels Airlines。

73. South African Airways: 可回溯到Union Airways，以簡稱SAA為品牌，標誌是飛羚，新形象恢復全名South African Airways，以南非新國旗為標誌，展現國家形象。

74. SOUTHWEST: Air Southwest成立的宗旨是讓乘客感到溫暖與友善，愛心的形象符合訴求，新形象反倒無新奇之處，從機尾翼造形到直接加入飛機，以Southwest為名。

75. Spanair (西班牙)

→

→

76. Swiss International Air Lines (瑞士)

→
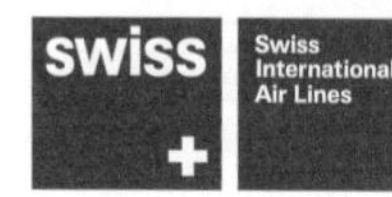

→

SWISS

77. TAP PORTUGAL (葡萄牙)

→

→

78. THAI (泰國)

→

→

79. TNT (荷蘭)

→

→

80. UNITED (美國)

→ UNITED AIRLINES →

81. UNITED Van Lines (美國)

→

82. U.S AIRWAYS (美國)

→

→

83. USPS (美國)

→

→

84. Vietnam Airlines (越南)

→ VIETNAM AIRLINES →

85. VARIG (巴西)

→

→

75. Spanair: 由SAS集團投資成立，總部設於西班牙Mallorca島，著眼於大量的觀光需求，舊標誌由波浪紋組成，新形象延續其外型，更像飄動的旗幟。2009年再導入起飛的全新形象。

76. Swiss International Air Lines: 瑞士國家航空Swissair破產後，大部分資產轉給Crossair，改名為Swiss International Air Lines，簡稱Swiss，更新標誌仍保持強烈的瑞士國家形象。

77. TAP PORTUGAL: 葡萄牙國家航空TAP是Transportes Aereos Portugueses的縮稱，舊飛鳥標誌改為TAP三字，但稍嫌僵硬，更新為紅綠交疊的現代感設計。

78. THAI: 泰國國家航空Thai Airways International，初期與SAS合資，標誌如鳥與花的總和，色彩則是象徵泰國皇室的紫色與黃色，新形象字體透出泰國傳統的造形。

79. TNT: 荷蘭郵政TPG從KPN中獨立出來，而澳州的TNT原只是TPG買下的快遞公司，但TPG決定將集團改名為TNT，統一品牌，容易記憶與具有議題性。

80. UNITED: United Airlines開始業務是替郵局送航空郵件，發展成世界前三大航空之一，剛從破產重整過來，形象由盾牌發展至今大抵維持Saul Bass設計的U字標誌，而字體則已修改了數次。2010年與Continental合併形成United Continental控股公司。

81. UNITED Van Lines: 成立之初名為Return Loads Service，替卡車回程時順道安排載貨服務，才不會造成空回車，現屬於UniGroup，是最大的貨運公司，另一主要品牌為Mayflower。

82. US AIRWAYS: 名稱由All American Airways變更為Allegheny Airlines、USAir再到US Airways，新形象以抽象的星條旗為標誌，符合公司名稱，合併了America West，但仍保留其品牌。

83. USPS: 美國於1792年成立郵務部，1971年改制為USPS公司，原送信的騎馬者標誌不符合新時代需求，被老鷹所取代，新形象僅只取鷹首乘風飛翔的氣勢。

84. Vietnam Airlines: 南越的Air Vietnam於越戰後被新成立的Vietnam Airlines所取代，原來的龍形標誌逐漸演變為蓮花，符合佛教國家的形象。

85. VARIG: 巴西最早成立的航空，想要與TAM合併但未成功，財務出問題而破產，早期標誌為空中飛人，爾後形象象徵方位的星星標誌經細緻化作業，標準字加上書法體Brasil字樣。2007年被Gol Airlines買下，再度更新形象，去掉星星圖案。

歸納

- 以圖案加字體有68個，而單純使用文字標準字體為標誌者僅有17個，使用字體標誌並非主流。
- 標誌使用藍色調23個，紅色調6個，綠色調3個，其他顏色或混合色52個，主要是藍色象徵藍天與海洋的因素，使得紅色不再是主要色系。
- 交通運輸業非常重視形象，除了標誌更新，尤其是如何讓乘客感受到用心的服務，制服美女空姐也是張王牌。
- 航空公司重視聯營與轉機之互助，成立OneWorld、Sky Team、Star等聯盟組織，讓乘客享受累積飛行里程的優惠。

Vehicles

第六類：汽機車業

汽機車業以汽車為主，涵蓋機車、汽車租賃、輪胎與零組件製造，但自行車則另置於運動康體業。

自Daimler和Maybach設計出機車到Benz發明汽車，大大改變了路上交通的形態，獸力車輛完全被取代，中短程不須仰賴大眾運輸，衍生出大量的小眾運輸，如此的便利性，導致公路興建的速度遠不及車輛成長的速度；除了提供交通的需求外，汽車領導各種工業的時尚潮流，遂成為炫耀社會地位與品味的工具。而當旅行在外時，無法將自家車輛隨身攜帶，於是興起了汽車租賃此一貼心的服務業。

1. Alamo (美國)

2. Alfa Romeo (義大利)

3. Audi (德國)

4. avis budget group (美國)

avis budget group

5. BUICK (美國)

6. Calsonic Kansei (日本)

7. CHEVROLET (美國)

8. COOPER TIRES (美國)

9. DACIA (羅馬尼亞)

10. CHRYSLER (美國)

CHRYSLER

1. Alamo: 最初設點於美國佛羅里達，以不限里程之出租策略而受到歡迎，舊標誌圖案像馬車車輪的軸心，整體外形卻如車牌，新形象則簡化僅留車牌外型與品牌文字，與National租車為姊妹品牌，同隸屬於Vanguard Car Rental。2007年則被Enterprise Holdings所併購。

2. Alfa Romeo: 原名ALFA（Anonima Lombarda Fabbrica Automobili），後來被企業家Nicole Romeo收購後改稱Alfa Romeo，標誌結合米蘭市徽的i紅十字與蛇形的Viscont家徽，新標誌除了拿掉Milano字樣，幾乎沒有大改變，但大蛇的嘴裡原叼了一個小孩，現在則像是吞劍，隸屬FIAT集團。

3. Audi: 原名Horch & Cie，但Horch被迫離開自己創立的公司，新成立的公司反而不能使用自己的姓式為品牌，遂更名為Horch之拉丁文Audi，1932年Audi與Horch、DKW、Wanderer合併為Auto Union，1985年公司名直接稱Audi，而象徵四家公司聯合的四環標誌，至今仍為Audi所使用。

4. avis budget group: Cendat集團拆成獨立的四家公司，其中仍使用Cendat名稱的汽車租賃集團擁有Avis和Budget品牌，後來也更名為avis budget group。不跟Hertz搶第一，Avis一直以老二策略，強調比第一名更努力用功，Budget則給人符合預算的安心。

5. BUICK: GM的豪華車品牌，比Cadillac等級稍低一階，名稱源自發明OHV引擎的BUICK姓氏，初期以BUICK字樣為標誌，直到1930年代才開始使用從歷史資料中找到的BUICK家族徽章・即圓形內三個盾形做為標誌圖案。

6. Calsonic Kansei: 日本Calsonic和Kansei合併，主要生產控制面板模組、熱交換系統，新標誌營造C字與飛揚的速度感，字體暨維持舊有的感覺又能創造新形象。

7. CHEVROLET: 以賽車手兼工程師Louis Chevrolet為名，是GM最暢銷的品牌，更是汽車的傳奇代表，被美國民眾暱稱Chevy，如自家人般親切。其金領結的十字標誌是GM創辦人Durant的靈感，脫出一般十字架的印象且簡潔有力，將近90年來卻未有大變化。

8. COOPER TIRES: 舊標誌是戴盔甲的武士頭，象徵其強悍無敵，新標誌的C字設計如@般環繞，適合新世代的族群，另有Avon和Kenda等品牌。

9. DACIA: 羅馬尼亞主要汽車品牌，使用盾牌為標誌，初期與Renault合作，製造Renault的車款，1999年正式併入Renault旗下，新形象中品牌字體變為現代而剛硬。

10. CHRYSLER: Chrysler成立後取得Maxwell的資產，標誌留著Maxwell的花形標貼設計感，全盛時期為美國第三大汽車，改用著名的五角星形標誌，但與Daimler-Benz合併後則企圖找回過去的傳統，五角星黯然謝幕退場。2009年申請破產保護，在Fiat的投資下，重新找回昔日的五角星光芒。

11. CITROEN (法國)

CITROËN
CITROËN

12. DAIHATSU (日本)

13. DELPHI (美國)

14. DODGE (美國)

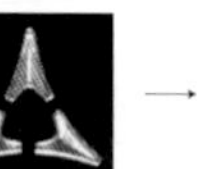

15. DOLLAR (美國)

16. Ferrari (義大利)

17. FIAT (義大利)

FIAT
SOCIETÀ PER AZIONI

18. Ford (美國)

19. GM (美國)

General Motors

20. GM DAEWOO (韓國)

21. GOODYEAR (美國)

11. CITROEN: Citroen發明雙螺旋線齒輪，如臂章的箭形圖案其實是V型齒輪的牙，現公司隸屬於PEUGEOT成立的PSA PEUGEOT CITROEN控股公司，但是法文品牌對亞洲國家而言是較難發音的。

12. DAIHATSU: DAIHATSU名稱源自大阪的「大」（DAI）與原公司名「發動機製造」的「發」（HATSU），專門生產所謂輕自動車，圖案標誌類似子彈的D字，屬於Toyoya集團。

13. DELPHI: 原屬於GM的ACG（Automotive Components Group）部門，1997年獨立後更名DELPHI Automotive Systems，再簡化為DELPHI，執汽車零組件的牛耳。

14. DODGE: 公司初名Dodge Brothers，因兄弟兩人是猶太人，初期使用大衛星標誌，再用三個箭頭圍成的三角形，稱為Fratzog，最後以山羊為標誌，但是圖案過於簡潔好像子宮，隸屬於Chrysler集團。2010年更新形象，DODGE 字體壓在二道斜線上，寓意畫線做保證，與其貨卡品牌DODGE RAM區隔。

15. DOLLAR: Dollar與Thrifty曾被Chrysler買下，成立控股公司Dollar Thrifty Automotive以管理兩品牌，現已從Chrysler獨立出來，用Dollar為名給人租車價格低的聯想，新形象中O字部分類似手拿著個銅板。

16. Ferrari: 由Enzo Ferrari成立Scuderia Ferrari車隊為Alfa Romeo公司出賽，然後Ferrari開始製造可實際開上街的跑車，創造夢幻跑車的傳奇，其騰馬標誌源自義大利戰機的飛行徽章，現屬於FIAT集團。

17. FIAT: 品牌名縮稱自Fabric Italiana Automobili Torino，標誌歷經各期演變脫不出FIAT字體與花紋，終於設計了四個斜方塊的經典標誌，適合應用組合與延伸，使用30餘年後品牌標誌改採復古風，闡述繼續向前有時需往回頭看的理念，集團標誌則力求單純。

18. Ford: Henry Ford致力汽車平價化，使得Ford一度成為美國霸主，但其傳統的低價策略，忽略了汽車外觀的時髦，市佔率漸漸敗給GM，近年來更落於Toyota之後，Ford的橢圓標誌著名，字體如同Coca-Cola般經典，但80年來卻沒有太多新意。

19. GM: General Motors簡稱GM，靠著時尚的造型、速度感，提供貸款讓民眾更容易買車，曾贏得世界第一的寶座，公司標誌也沒多少改變，但採取用其他品牌行銷的策略。金融風暴後，GM破產再起，有人盛傳公司標誌將變成綠色，但根本沒有發生。

20. GM DAEWOO: 韓國DAEWOO集團陷入危機時，將汽車事業賣給GM，更名GM DAEWOO，現在DAEWOO品牌逐漸消失中，GM針對全球市場將其車款換牌，大多改以CHEVROLET為品牌。

21. GOODYEAR: 公司使用Charles Good-year姓氏為名，只因紀念他發明硫化橡膠製程，公司與他的家族無關係。標誌是長著翅膀的腳，象徵飛毛腿，加強汽車之速度，並代表逆境中不斷前進的精神。

22. Harley-Davidson (美國)

→

→

23. Hankook (韓國)

→

→

24. HINO (日本)

25. HONDA (日本)

→

26. HYUNDAI (韓國)

→

27. INTERNATIONAL (美國)

→

→

28. IVECO (義大利)

→

→

29. JAGUAR (英國)

→

→

30. Jeep (美國)

→

→

31. KIA (韓國)

32. KYMCO (臺灣)

→

→

22. Harley-Davidson: 百餘年歷史的機車品牌，是美國僅存的二家機車公司之一，其車身長度特別加長，驃悍風格受嬉皮與重金屬族所愛，標誌有點像警徽與臂章，獨特的引擎聲音也已經註冊為商標。

23. Hankook: 公司初名為Chosun Tire（朝鮮輪胎），改名Hankook Tire（韓國輪胎），起初標誌中兩個O字設計如輪胎，再更改為胎紋的H字標誌，目前標誌則是飛翼的概念。

24. HINO: 日野自動車源自於東京瓦斯電氣，早期與Renault合作生產汽車，後與Toyota合作專注生產柴油卡車與巴士，現已成為Toyota集團一員，新標誌H字又設計如日字。

25. HONDA: 公司以創辦人本田宗一郎得名，以生產機車而獨霸全球，直到1960年代開始生產汽車，翅膀標誌留給機車事業，另以H字為汽車標誌，憑藉領先同業的技術在嚴酷的市場中屹立不搖，其高級轎車品牌為ACURA。

26. HYUNDAI: 現代集團的汽車事業，韓國最大的汽車公司也進入世界級行列，一掃過去韓國車給人低階的印象，其標誌橢圓寓意運轉的地球，而H字如雙人握手，象徵團結與合作。

27. INTERNATIONAL: International Harvester更名為Navistar International，農機部門另與CASE合併為CNH Global，現專注於卡車事業，以International為品牌，標誌變成延伸的道路。

28. IVECO: 縮稱自Industrial Vehicle Corporation，Fiat的子公司，結合了Fiat、OM、Unic等品牌的卡車部門，過去曾有飛馬的圖形標誌，現在只用純文字標誌。

29. JAGUAR: 公司源起於做機車邊車的Swallow Sidecar，之後使用JAGUAR為品牌，公司也更名為Jaguar Cars，標誌恰似其汽車造形，如黑豹般身段優雅而迅捷，1989年曾是Ford旗下品牌，2008年賣給Tata。

30. Jeep: 吉普車名稱源自GP（General Purpose），起初是為了軍事用途，公司展轉到AMC、Chrysler、DaimlerChrysler，現屬Chrysler集團，只留Jeep文字標誌，並以軍綠色為標準色彩。

31. KIA: 起亞是韓國最老的汽車公司，公司名稱意義就是興起於亞洲，初期由Ford協助生產Mazda車款，發生財務困難後併入Hyundai汽車集團，標誌更新以重塑信賴性。

32. KYMCO: 光陽機車與本田技術合作起因於三陽工業的推薦，以滿足當時日本企業複式授權的做法，由三陽工業負責北部市場而光陽負責南部市場，但最後完全脫離本田，創造KYMCO自有品牌。

33. LANCIA (義大利)

  →  → 

34. LINCOLN (美國)

 →  → 

35. Lamborghini (義大利)

 →  → 

36. MAYBACH (德國)

 → 

37. MASERATI (義大利)

 → → 

38. Mercedes-Benz (德國)

  →  → 

39. MICHELIN (德國)

 → 

40. Mopar (美國)

 → → 

41. MAGNA STEYR (奧地利)

  → 

42. MAZDA (日本)

  →  → 

43. NISSAN (日本)

  →  → 

33. LANCIA: 公司由Fiat的賽車手Vincenzo Lancia所創立，以工程技術聞名，自第一款車名Alpha後，各車款依序使用羅馬字母為名稱，1969年因財務困難而賣給Fiat，以旗幟象徵旗艦品牌。

34. LINCOLN: Henry Leland創立Cadillac賣給GM，再創立Lincoln然後賣給Ford，是旗艦豪華車的代表，提供美國總統的坐車，但競爭力已變弱，十字標誌之光芒如征服東西南北的指標。

35. Lamborghini: 以創辦人Ferruccio Lamborghini得名，公司最初生產拖曳車，歷史雖然不長，但成就跑車的新面貌，車體外觀造形宛如鬥牛，一度賣給Audi，現在隸屬於Volkswagen集團。

36. MAYBACH: Wilhelm Maybach離開Daimler後創立Maybach汽車，Maybach與Benz兩品牌併入Daimler後統一使用Mercedes-Benz品牌，1997年再度復興Maybach，價格多是千萬以上的高貴名車，可媲美勞斯萊斯。

37. MASERATI: 由Maserati兄弟所創立的著名跑車公司，標誌使用三叉戟是取材自公司發源地Bologna著名海神雕像手中所握的武器，呈現海神的勇猛威武，現隸屬於Fiat集團。

38. Mercedes-Benz: 德國Daimler與Benz合併後，各種車輛統一使用Mercedes-Benz品牌，Mercedes名稱由來是法國進口商以自己女兒的名字Mercedes銷售，三星標誌三尖端指向天地海，象徵該公司無遠弗屆的領域。

39. MICHELIN: Michelin起初從事硫化橡膠，再進入輪胎事業，輪胎人Bibendum是最老的商標，靈感來自某個堆疊著輪胎之展覽品，Michelin兄弟想到如果加上手臂就宛如一個人，輪胎人於焉誕生。

40. Mopar: 縮稱自Motor Parts，是Chrysler的汽車零件部門，後來將五角星與Mopar結合，以宣示品質，Chrysler被合併後，Mopar又拿掉五角星標誌。

41. MAGNA STEYR: 加拿大汽車零件公司MAGNA合併奧地利Steyr-Daimler-Puch的汽車部門，另外設立MAGNA STEYR，標誌用MAGNA的M字圖案。

42. MAZDA: 東洋工業從工具機跨足車輛製造，品牌MAZDA名稱源自創辦人Matsuda，後來公司也更名Mazda Motor，新形象標誌不僅結合V字與M字更象徵翅膀飛翔與花的綻放，目前是 Ford集團之附屬公司。

43. NISSAN: 歷史追溯到快進自動車，後來更名NISSAN（日產），源自其母公司Nippon Sangyo（日本產業），品牌由DAT、DATSUN到統一為NISSAN，新形象以立體與金屬感呈現，其高級車品牌為Infiniti。

44. Oldsmobile (美國)

→

→

45. OPEL (德國)

→
OPEL

→

46. PONTIAC (美國)

→

→

47. PEUGEOT (法國)

→

PEUGEOT
→

PEUGEOT

48. PIAGGIO (義大利)

→

→

49. PROTON (馬來西亞)

→

→

50. RENAULT (法國)

RENAULT
→
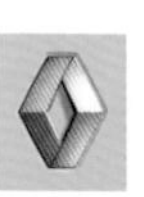
RENAULT
→

51. ROVER (英國)

→
ROVER
→

52. SEAT (西班牙)

SEAT

53. SKF (瑞典)

→

54. SKODA (捷克)

→

→
ŠKODA

44. Oldsmobile: 公司原名Olds Motor Vehicle，不久Olds就賣給GM，其扁長形的車身與刻意加長的車尾狀似噴射火箭，標誌也以火箭來象徵速度，但2004年在開業107年後該品牌卻遭停產，令人感嘆即使有輝煌歷史也會被淘汰。

45. OPEL: 早期是縫紉機主要品牌，跨足汽機車生產，40年代被GM買下，60年代標誌以火箭加上翅膀來象徵速度，現今標誌是駕駛方向盤的O字中加上如閃電的符號。

46. PONTIAC: GM的品牌，以密西根的小鎮為名，也是印第安酋長之名，故早期標誌為印第安人圖案，後來改為長盾形，訴求年輕的跑車感。

47. PEUGEOT: 歷史之悠久僅次於Daimler，最初生產腳踏車，發展成為PSA PEUGEOT CITROEN控股公司，標誌圖案最早是獅子踏在箭上，為了廣告需求漸漸演變僅存獅子，新形象典雅而兼有現代感。

48. PIAGGIO: 起初生產鐵路車輛、直升機，1946年開始生產Vespa，同時有Piaggio與Aprillia、Derbi等品牌，標誌如紙牌上的黑桃，具向上提升的力量。

49. PROTON: 馬來西亞於1983年成立國家汽車Proton，技術來自三菱汽車，標誌從proton字體，加上象徵聯邦的14個星星圖案，新形象以代表國家的老虎做標誌，近來收購Lotus汽車集團後，技術力更加落實。

50. RENAULT: 公司的發展由機械工程師Louis Renault發明直接傳動齒輪箱開始，標誌漸形成鑽石式樣，再以接續的線條，表現明暗與空間，新形象則呈現金屬的立體造形。

51. ROVER: 1986年British Leyland改稱Rover Group，再改為MG Rover Group，2005年該公司破產後，南京汽車將其買下，並取得MG品牌，但Rover品牌則隸屬於Ford，南京汽車又另建立Roewe（榮威）品牌。Ford出售Rover品牌給Tata。

52. SEAT: 英文意義只是椅子的西班牙旅行車公司，原是Fiat子公司，從舊標誌四方塊可看出端霓，接續標誌強調四字的連續與切割感，新形象著重S字的表現，現屬於Volkswagen。

53. SKF: 瑞典的滾珠軸承公司Svenska Kullagerfabriken，最早擁有Volvo品牌，隨著企業國際化與產品的多樣化，原具歷史意義的滾珠軸承圖案已不使用，SKF文字卻稍嫌老態。

54. SKODA: 可追溯到Laurin & Klement被Skoda Works合併，汽車以Skoda為品牌，二次世界大戰後Skoda Auto獨立出來，標誌改為印第安人頭與箭的綜合，現屬於Volkswagen集團。

55. SUBARU (日本)

56. smart (德國)

57. SsangYong (韓國)

58. SYM (臺灣)

59. Toyo Tires (日本)

60. TOYOTA (日本)

TOYOTA

61. TRIUMPH (英國)

62. Uniroyal (美國)

63. Vespa (義大利)

64. Volkswagen (德國)

65. VOLVO (瑞典)

VOLVO

55. SUBARU: Fuji Heavy Industries的汽車品牌，日文意義為unite（聯合），標誌取材自金牛座裡的星團，象徵由五個小公司合併而成，新形象中將星星互相連接，現屬於Toyota汽車集團。

56. smart: 縮稱自Swatch Mercedes Art，因Swatch沒有生產汽車的經驗，找到Daimler來實現其構想，公司原名Micro Compact Car也改為 Smart，設計雖創新，但小車安全性不佳，市場接受度仍低。

57. SsangYong: 1954年初名「河東換汽車」，後更名為「東亞汽車」，被雙龍集團併購再更名為「雙龍汽車」，標誌由雙橢圓S字形變為長翅膀的雙飛龍，股份多半已賣給上海汽車。但是碰上金融風暴賠太多錢，又賣給印度Mahindra & Mahindra。

58. SYM: 前面提到原先本田技術合作的三陽工業，汽車用Honda品牌，而機車用三陽為品牌，後來機車品牌改為英文簡稱SYM，汽車轉與Hyundai技術合作。

59. Toyo Tires: 東洋橡膠工業，1966年最先進入美國市場，舊標誌箭頭裡加上圓圓Toyo字樣卻有幾分日本味，新形象僅用文字標誌。

60. TOYOTA: 源自豐田自動織機，使用トヨタ除了紀念創辦人豐田佐吉外，日本字的ト像八比較幸運，新標誌由三個橢圓結合成T字，更像男性生殖器，集團銷售量追過GM，其高級車品牌為Lexus。

61. TRIUMPH: 1903年開始生產機車，1972年與Norton-Villiers合併成NVT，破產後被Meriden Motorcycle Cooperative收購，1983年再度破產，由新成立的Triumph Motorcycle復興品牌。

62. Uniroyal: 1892年由U.S. Rubber開始，合併B.F. Goodrich為Uniroyal Goodrich，再成為Michelin北美公司，舊標誌在U字中加入胎紋，新形象由格狀點與文字形成線性條狀設計。在歐洲的事業由德國Continental收購。

63. Vespa: Piaggio總裁説看到這台機車時，其引擎聲音與造型讓他連想到細腰蜂，因而細腰蜂的拉丁文Vespa於是成為此機車品牌，造就出史上最成功的機車，近幾年來又再重新出發，氣勢則稍弱。

64. Volkswagen: 如果要説納粹對德國有一點點貢獻，大概是生產當時人人負擔得起的Volkswagen（國民車）Beetle，VW的標誌極小；新形象以藍色圓形反白標誌，凸顯其圓的形態。

65. VOLVO: 起初只是SKF軸承的品牌，意思為I roll.，1927年SKF將Volvo分離出來，其標誌是古時鐵礦的化學符號，但常被誤為是男性的象徵，使得標誌一度被拿掉，Volvo公司專注於商用車輛，將汽車品牌賣給Ford。但2009年再轉售給吉利汽車集團。

歸納

- 單純使用文字標準字體為標誌者僅有13個，象徵圖案非常重要。而標誌形式以圓與橢圓為基本的就有19個之多。
- 標誌使用藍色調17個，紅色調9個，採用兩種顏色以上混合佔42個。
- 汽車業由GM、Ford、Toyota、Volkswagen等集團所控制，不斷併購呈現大者恆大的局面，但維持多種品牌策略如P&G的模式。
- 汽車是時髦而且可以炫耀，過度強調傳統反倒違背年輕族群的需要，傳統形象也得朝年輕化演變。
- 輕型機車發展空間漸小，重型機車憑著帥氣個性的風格，連BMW、HONDA等還持續生產，其他如Indian、Harley-Davidson則訴求喚起記憶的復古風格。

Energy

第七類：油礦能源業

油礦包含石油開採、精煉、銷售等業務，包含車輛使用之機油、潤滑油，但由石油衍生的塑化產品另見化學合成業；能源業則包含天然氣、燃料、發電等。

當颱風一來，短暫停電之時，馬上能感受到沒有能源的不便，生活幾乎停擺；而近幾年中東各地戰事不斷與全世界石油漸漸耗竭的情況下，燃料油價不斷上漲，間接快速影響物價，各行各業更是叫苦連天。反觀掌握油礦的國家與公司，卻在此時獲取暴利，累積財富。因應CO_2大量排放造成地球暖化，各石油與能源公司已開始投入無污染的新能源如氫氣燃料、風力發電、太陽能等，除了搭上這一波改善暖化的風潮外，還是希望在下一世代依然能雄霸一方。

1. ARCO (美國)

→ AtlanticRichfieldCompany  →

2. ASHLAND (美國)

→

→

3. AREVA NP (法國)

→

→

4. BAKER HUGHES (美國)

→

5. bhp billiton (澳洲、英國)

→

→

6. BP (英國)

→
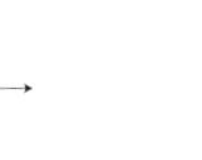

→

7. Amoco (美國)

→

→

8. BG Group (英國)

→

→

9. centrica (英國)

→

→

10. CALTEX (美國)

→

→

CALTEX

11. Castrol (美國)

→

→

1. ARCO: 美東的Atalantic精煉與加州Richfield石油合併為Atalantic Richfield Company，縮稱ARCO，十字星標誌與Chrysler的標誌有異曲同工之處，現隸屬於BP集團，同時擁有ampm便利商店品牌。

2. ASHLAND: Ashland Oil以肯德基州Ashland為名，原從事石油精煉，後來石油部門與Marathon合併，現在只專心於機油與石化產業，以Valvoline品牌之機油著名，公司新形象著重於兩個A字的表現。

3. AREVA NP: 溯源自1958年Framatome核電公司，合併Siemens核電部門更名為Framatome ANP（Advance Nuclear Power），結合CEA、Cogema等成立AREVA集團，核電公司名稱改為AREVA NP，AREVA標誌的兩個A字表現比較剛硬。

4. BAKER HUGHES: 兩家油田開採設備與服務Baker International與Hughes Tool合併而成，初期標誌結合兩個公司的字體，新形象增加圖形標誌，但看不出是何物，有點地球經緯線的感覺。

5. bhp billiton: 由澳洲BHP（Broken Hill Proprietary）和英國Billiton合併而成，但在兩個國家都分別成立財務獨立的股份公司，是目前世界最大採礦公司，除了石油、煤礦外，還開採各種貴金屬，新標誌從點漸變成線，象徵發由發展到成功的過程。

6. BP: British Petroleum英國石油合併美國Amoco後，公司名為BP Amoco，再更名BP，宣示Beyond Petroleum，積極發展替代能源，標誌從盾牌造形大幅更新為綠能源之花朵，彷彿是精確的製圖。2010年墨西哥灣漏油事件使其形象受到重創。

7. Amoco: American Oil Company從Standard Oil獨立分出，脫離不了著名的火炬標誌和Standard品牌形象，直到被英國石油合併，多數加油站形象改為BP標誌但仍使用Amoco名稱。因其被BP合併，故將Amoco放於此位置。

8. BG Group: British Gas是以前專賣制的國營公司轉為民營，1997年再造分出經營油氣的BG plc.，再改制為BG Group，在英國之外使用British Gas品牌，集團標誌結合大寫B與小寫g，卻只彰顯單純的B字為主角。

9. centrica: British Gas同時分出經營公共服務的centrica，在英國境內使用British Gas品牌，與BG Group算是兄弟公司，但也在其他非天然氣領域中相互競爭，字體標誌特殊在n與t的連接點。

10. CALTEX: 原是Texaco的品牌，標誌中呈現德州的星星圖案，主要營運地區為亞太、中東，隨著Texaco被Cheveron合併，新形象將圖形與字體分離，星星也有嶄新的面貌。

11. Castrol: 品牌名源自該潤滑油是從蓖麻油（Castor Oil）中提煉，最初是一個英格蘭公司名為Wakefield Oil，被併購後改稱Burmah-Castrol，現則隸屬於BP，標誌演進有其歷史的延續性，中文名稱「嘉實多」。

12. Chevron (美國)

ChevronTexaco
UNOCAL 76

13. CITGO (美國)

14. conEdison (美國)

15. ConocoPhillips (美國)

16. cosmo (日本)

17. Duke Energy (美國)

18. EDF (法國)

19. Electrabel (比利時)

20. EnCana (加拿大)

21. Endesa (西班牙)

22. e.on (德國)

12. Chevron: 也是由Standard Oil獨立分出，擁有Standard品牌的部分使用權，合併Texaco後，公司一度更名ChevronTexaco，再併購Unocal，後來又更名回Chevron，新形象V形徽章標誌呈現半立體的轉折與明暗。

13. CITGO: 公司原名Cities Service，1965年使用CITGO為品牌，三角形標誌源自舊標誌中的圖案，1983年賣給7-eleven的母公司Southland，1990年轉售給委內瑞拉國家石油PDVSA，仍透過7-eleven銷售，傳言近來因委內瑞拉總統Hugo Chavez反Bush的政治因素，導致7-eleven不再銷售CITGO石油。

14. conEdison: 源自New York Gas Light結合六家天然氣公司，更名Consolidated Gas，而當其子公司New York Edison的電力營業遠超過天然氣時，公司再更名為Consolidated Edison，發展至今成為能源控股公司，新形象以C字來強調結合數公司形成之控股公司。

15. ConocoPhillips: 兩個奧克拉荷馬州的石油公司Conoco和Phillips合併，Conoco名稱源自Continental Oil Company，Phillips的品牌名為Phillips 66，旨在紀念橫越美國的66號公路，而新公司標誌是飛向天際的鴻鵠。

16. cosmo: コスモ石油由大協、丸善、精製コスモ等三公司合併成立，cosmo有cosmos與cosmopolitan的意涵，願景是放在新能源的開發，標誌呈現宇宙的動態感。

17. Duke Energy: 美國東南部Duke Power合併PanEnergy形成Duke Energy，巧的是兩個標誌都有向上飛揚的弧線，近來又合併美國中西部的Cinergy，事業版圖變得非常大。

18. EDF: 法國電力Electricite de France，四分之三的電力產出來自核能，獨佔事業到1999年才開放市場，因應邁入國際化，新標誌如旋轉的星星、太陽，呈現電力與事業領域的擴展。

19. Electrabel: 比利時Intercom、Ebes、Unerg合併成Electrabel，新形象延續舊的基礎，標誌以電力符號為中心，現在股權已幾乎完全被法國SUEZ買下，股票不再於比利時上市，品牌形成加上SUEZ的聯合標誌。

20. EnCana: AEC（Alberta Energy Company）和PanCanadian Energy於2002年合併為EnCana，名稱結合Energy與Canada，標誌是代表AEC的綠色與代表PanCanadian Energy的藍色兩線條交會形成能源之光。2010年新標誌傳達更純淨的天然氣。

21. Endesa: 西班牙國家電力Empresa Nacional de Electricidad, S.A.，發展成為多種能源之公司，更名Endesa S.A.，標誌由電力變成能源的光芒，並以連續調色彩的圖案呈現。

22. e.on: 德國能源公司VEBA與VIAG合併為e.on，是由投資大眾所擁有的世界最大能源公司，標誌完全逆向思考，不再四平八穩，用手寫字的形態呈現。正積極運作想買下Endesa。

23. e.on UK (英國)

24. ENEOS (日本)

25. Eni (義大利)

26. Exelon (美國)

27. ExxonMobil (美國)

28. galp energia (葡萄牙)

29. Gaz de France (法國)

30. Gulf (開曼群島)

31. Havoline (美國)

32. HALLIBURTON (美國)

33. Norsk Hydro (挪威)

23. e.on UK: CEGB改為民營時分出三個電力公司之一為Powergen，意思是Power Generation，標誌是光之女神概念，公司被e.on併購，改稱e.on UK，但對消費者仍繼續使用Powergen品牌。

24. ENEOS: 1888年日本石油創立，於1999年與三菱石油合併，成立日本最大石油公司日石三菱精製，創造新品牌名稱ENEOS，複合ENERGY與NEOS，再合併興亞與東北石油，公司更名為新日本石油，雖號稱新能源但還只是石油公司，與新日礦控股合併為JX控股。

25. Eni: 原來全名Ente Nazionale Idrocarburi，由義大利政府所成立，目的是將所有能源工業集中於一公司，也接收Agip石油的六條腿的狗為標誌，這隻傳說中的狗象徵能源，新形象的圖形突出於黃色方塊外，字體改為小寫eni。

26. Exelon: 2000年PECO ENERGY和擁有ComEd的Unicom合併成立Exelon，以電源開啟符號來傳達on的意涵，與PSG&E合併案雖獲得通過，但最後兩方又後悔，這樁婚姻還是沒結成。

27. ExxonMobil: 從Standard Oil分出的Standard of New Jersey更名為Exxon，Socony（Standard of New York）更名Mobil，1999年Exxon和Mobi合併為世界資產最大的石油集團ExxonMobil，集團標誌中Exxon著名的兩個X交叉設計被保留，Exxon在北美以外的市場所使用的品牌為Esso。

28. galp energia: 由葡萄牙公營Petrogal轉變而來，其舊版人形標誌，是常見的形式，新形象則用軟性的G字，有些類似加油的感覺。

29. Gaz de France: 和EDF是姊妹公司，舊標誌有相似的感覺，因應開放天然氣市場，法國政府透過修法將其與SUEZ合併，以提升競爭力，新公司名稱GDF Suez，成為世界第四大能源公司。

30. Gulf: Gulf Oil也是從Standard Oil分出，後來公司被Chevron併購，但Gulf油品品牌由註冊於開曼群島的Gulf Oil International於北美以外行銷，Gulf的標誌像是個籃球。

31. Havoline: 原是Havemeyer Oil的品牌，爾後Havoline被Indian Refining併購，使用酋長標誌，再後來Texaco買下Indian Refining，結合Texaco標誌重塑 Havoline形象。

32. HALLIBURTON: 以承接砌造油井的工作創業，現已成為提供全世界120餘國油井設備服務與開採技術的大公司，舊標誌字體向外延伸許多的線條，營造速度感，但新字體標誌則只呈現專業形象，給人穩重而安心的信賴感。

33.（Norsk）Hydro: 最初生產農業用肥料，現今則以能源與鋁為核心事業，將農業部獨立出去成立Yara，分出油品事業與Statoil合併，標誌為象徵瑞典的維京人船艦。

34. IBERDROLA (西班牙)

→

35. IDEMITSU (日本)

→

36. JET OIL (希臘)

→

37. JOMO (日本)

→

38. Kendall (美國)

→

→

39. KOGAS (韓國)

→

→

40. LUKOIL (俄羅斯)

→

41. MAXOL (愛爾蘭)

→

42. MIRANT(GenOn) (美國)

Southern Energy →

→

43. national grid (英國)

→

→

44. neste oil (芬蘭)

→

→

34. IBERDROLA: 歷史追溯到1901年的Hidroeléctrica Ibérica，而後形成Iberduero，於1991年再與Hidroeléctrica Española整合為IBERDROLA，公司位於西班牙北部的Bilbao，是全球最大的循環能源發電公司，新標誌是樹葉、水滴、能源三個近似造形的重覆，呈現循環的綠色能源理念。

35. IDEMITSU: 1911年由出光佐三創立出光商會開啟了出光興產的濫觴，從潤滑油製品擴展，現為日本第二大石油精煉，出光的英文名稱IDEMITSU，以Apollo太陽神為標誌。

36. JET OIL: 希臘的石油品牌，公司名稱Mamidoil-Jetoil，不是Mobil的潤滑油品牌，而ConocoPhillips 在歐洲也使用JET為加油站品牌，容易產生混淆。

37. Jomo: 日本礦業與共同石油合併為日礦共石，再改名為日本能源，而品牌名稱則為Jomo（Joy of Motoring），標誌由方塊與橢圓巧妙形成J字，2002年再與日礦金屬株式會社等子公司結合成立新日礦控股公司，2010與新日本石油結合為JX控股，品牌消失。

38. Kendall: Kendall Refining的潤滑油品牌已超過125年歷史，創立之初位於賓州Kendall溪旁，因此得名，標誌由身出二隻手指頭象徵勝利的手勢，現屬於ConocoPhillips公司。

39. KOGAS: Korea Gas Corporation南韓液化天然氣公司，KOGAS是公司的縮稱也是品牌名，圓形標誌象徵天然氣燃燒的潔淨與全球化公司。

40. LUKOIL: LUK取三個合併公司的字首組合LangepasUraiKogalymneft，是俄國最大的國營企業，也是全球最大石油生產公司，加油站也以LUKOIL為品牌，但使用不同的標誌。

41. MAXOL: McMullen Bros.公司於1920年創立，80年代期才統一由MAXOL取代Mex、Silensol等品牌，公司也改稱為Maxol Group，標誌由化學的六角形簡化，以消失線條表現速度。

42. MIRANT: Southern Energy從Southern Company獨立出來後更名成Mirant，產銷電力，總部於Atalanta，但二年後隨即宣告破產，如今又重新再起，標誌變得乾淨俐落，但稍尖銳了些。與RRI Energy於2010年合併，新公司名稱GenOn。

43. national grid: 從英國CEGB分離出的電力輸送公司，舊標誌以電塔形式呈現，合併加入Lattice Group的Transco天然氣後，改稱為National Grid Transco，再統一為National Grid，新形象以單純字體標誌表現。

44. neste oil: Neste石油和IVO電力合併，公司更名為Fortum，2005年石油事業再分離出來另成立neste oil，不只名稱回復舊名，連字體標誌都有懷舊風。

45. Oxy (美國)

→

→

46. PENNZOIL (美國)

→ PENNZOIL →

47. Quaker State (美國)

→

48. Reliance Energy (印度)

→

→ RELIANCE Energy
Anil Dhirubhai Ambani Group

49. Reliance Energy (美國)

→

→

50. REPSOL YPF (法國)

→

→

51. RWE (法國)

→

52. Saudi Aramco (沙烏地阿拉伯)

→ ارامكو السعودية
Saudi Aramco

53. Shell (荷蘭)

→

→ Shell

54. StatoilHydro (瑞典)

→

→

55. Suez (法國)

→

→ SUEZ
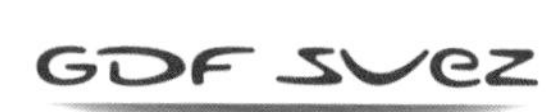

45. Oxy: 1920年公司成立即在加州從事石油探勘開採，Occidental Petroleum自1964年開始使用暱稱OXY，標誌是從OXY字樣加上象徵運轉的圖案；而Occidental Petroleum的加拿大公司Canadian OXY，在完全脫離母公司後更名nexen。

46. PENNZOIL: 由South Penn Oil與Zapata Petroleum合併，Zapata Petroleum起初是老布希和友人所創立，Pennzoil再與Quarker State合併，現在則屬於Shell的美國Sopus Products，以賓州著名的獨立鐘為標誌。

47. Quaker State: 1913年由19個小公司合組而成，生產機油與潤滑油，新標誌更顯層次與動感，與Quaker Oat沒有一點關係，跟著Pennzoil併入Royal Dutch/Shell集團。

48. Reliance Energy: 原名BSES，被Reliance-ADA集團收購後，更名為Reliance Energy，舊標誌結合R字與火苗，新形象則以向上的A字集團形象呈現。

49. Reliant Energy: Houston Industries與NorAm Energy合併為 Reliant Energy，近來為因應市場變化，分割成立Reliant Resource與CenterPoint Energy，而後Reliant Resource再更名回Reliant Energy。

50. REPSOL YPF: REPSOL從西班牙國家石化機構INH掌控中民營後，於1999年合併阿根廷國營石油YPF，REPSOL標誌有強烈繪畫風格，YPF則由老舊的圓形簡化成單純的風格，阿根廷政府另外成立Enarsa為國營石油。

51. RWE: 1898年成立的德國萊茵集團，起初全名Rheinisch-Westfälisches Elektrizitätswerk，舊標誌為RWE加上手形標誌，RWE原來只是電力公司，經不斷合併成為總合能源集團，新形象只有字體標誌。

52. Saudi Aramco: Aramco代表Arabian American Oil Company，沙烏地政府完全取得股份後更名Saudi Aramco，舊標誌由一堆英文字組合的怪符號，改為象徵地球與能源之光，頗有慶典煙火的效果。

53. Shell: Royal Dutch/Shell也稱為Shell集團，該集團是由荷蘭Royal Dutch石油與英國Shell運輸與貿易合併而成，Shell的Samuel家族一開始是賣貝殼，爾後石油貿易就以大貝殼為標誌，而Raymond Lowey賦予其更現代而簡潔的設計。

54. StatoilHydro: Statoil（政府石油）是挪威最大企業，新形象將油滴的O字特別拿出來為符號標誌，乍看下有Vadafone的感覺，還好顏色不同，與Norsk Hydro石油部門進行合併，形成StatoilHydro。2009年以Statoil為名稱再更新形象。

55. SUEZ: 溯源自1822年的比利時公司Société Générale des Pays-Bas，歷經近二百年的整併，成為法國的水電天然氣公司，現在名稱來自開發蘇伊士運河（Suez Canal）的公司Compagnie de Suez，1997年與Lyonnaise des Eaux合併為Suez Lyonnaise des Eaux，標誌呈現人在水中的形態，2001年再改為SUEZ，標誌中U字呈現微笑的表情，現與GDF合併成為GDF Suez集團。

56. SUNOCO (美國)

→

→

57. TEPCO (美國)

→

58. TEXACO (美國)

→ TEXACO →

59. Total (法國)

→

→

60. elf (法國)

→

61. FINA (法國)

→

62. Transocean (美國)

→

63. Ultramar (加拿大)

→
ULTRAMAR DIAMOND SHAMROCK
CORPORATION
→

64. United Utilities (英國)

NORWΞB
→

→

65. Valero Energy (美國)

→

→

66. Valvoline (美國)

→

→

56. SUNOCO: SUNOCO原是Sun Oil Company的品牌，隨著事業不斷擴大改稱Sun Company，1998年專心回到SUNOCO品牌之石油產品，公司更名為SUNOCO，標誌也跟著復古回到箭與菱形的造形。

57. TEPCO: 1951年由關東配電等九個電力公司合組成東京電力，歷史追溯源自1883年的東京電燈，東京電力簡稱東電（Toden）或TEPCO，已是世界最大的民營電力公司，新標誌以點狀相連象徵電力的產生與輸送。

58. TEXACO: 公司原名Texas Company，以縮稱Texaco為品牌，50年代初期公司才更名Texaco，因德州別名Lone Star，因而標誌結合圓、首字T、星星等要素，Chevron合併Texaco時，在反壟斷的制約下，品牌一度被Shell拿走，經Chevron努力再次奪回。

59. Total: 第一次世界大戰後，法國創立國家石油CFP，以Total為品牌，直到1991年公司才更名為Total，合併Fina與Elf後，集團全名成為TotalFinaElf，爾後又更名回Total，新形象呈現三個公司的緊密結合，與經由能源產生的無比動能。

60. Elf: 歷史追溯到1939年於法國西南的Aquitain地區發現石油，隨即成立RAP等公司，後來整合為ERAP，以Elf為品牌，與小精靈無關，公司數度更名後成為Elf Aquitaine，藍與紅之圖形標誌象徵團結與合作。

61. Fina: 比利時的PetroFina，60年代開始國際化，並成功進入美國市場，Fina被Total合併後，在美國的資產與品牌使用權歸於新成立的Alon USA。

62. Transocean: 石油鑽探Transocean ASA與Sonat Offshore合併為Transocean Offshore，再與Sedco Forex合併，最後更名為Transocean，標誌似旋轉的鑽油機與鑽油平台。

63. Ultramar: 1961年成立時原名Golden Eagle，Ultramar於合併Diamond Shamrock後，公司的名稱為Ultramar Diamond Shamrock，2001年被Valero Energy合併，公司更名回Ultramar，以金色老鷹為標誌。

64.United Utilities: 英國西北部的水電服務公司，合併North West Water與Norweb而形成，舊標誌結合二個U字，稍微有工業的硬調，新形象對一般消費者較親和。

65. Valero Energy: 從Coastal States Gas中脫離而獨立，1997年天然氣事業被PG&E合併，但分離出石油精煉與零售事業延續Valero品牌，併購Premcor後成為北美最大石油精煉公司，而公司星形標誌與加油站的V字服務標誌有所不同。

66. Valvoline: 著名機油品牌創於1866年，是全球歷史最悠久的煉油公司，約半個世紀前成為Ashland的子公司，因其V形標誌，在中國則稱為「勝牌機油」。

歸納

- 單純使用文字標準字體為標誌者僅有13個，大多使用圖案加字體為標誌。
- 使用紅色11個，藍色調6個，但混合色則有48個。
- 各國油礦能源原本多是國營，獨佔事業的公司名稱都是舊標誌都顯得正派而穩當，開放民營後競爭者加多，除了名稱連標誌的更新都得更有活力，致力呈現對消費者的親和形象。
- 油礦能源除非由國家專賣否則想要壟斷並不容易，因為各公司如火如荼地進行合併，藉擴大規模以強化世界的競爭力，造就六個超大能源公司ExxonMobil, Royal Dutch/Shell, BP, Total, Chevron與 ConocoPhillips，各擁市場、勢均力敵。

Hospitality

第八類：休閒餐旅業

涵蓋餐廳、速食店、旅館、旅行代理、郵輪、渡假中心與主題樂園。而電影院與賭場並未包含在內。

忙碌的工作後，總想偷得浮生半日閒，輕鬆地上館子吃飯；如能放個長假，便希望安排旅遊，增進生活樂趣，於是各式各樣的旅遊服務紛紛出籠，從交通、住宿、遊玩、購物、吃飯等通通幫您搞定；尤其是進到整合吃喝玩樂與住宿的渡假中心，遊客幾乎不需外出，至少可在定點待上好幾天。而隨著國民所得的提高，工作時數的減少，相對的休閒與餐旅產業必會更加暢旺。

1. Accor (法國)

2. Bellewaerde (比利時)

3. Busch Gardens (美國)

4. Baskin Robbins (美國)

5. Bennigan's (美國)

6. Best Western (美國)

7. Carnival (美國)

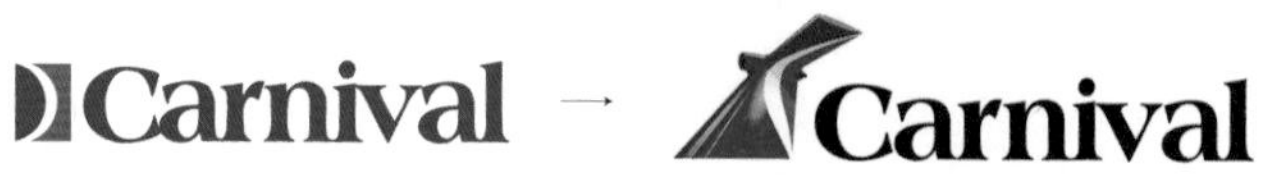

8. chili's (美國)

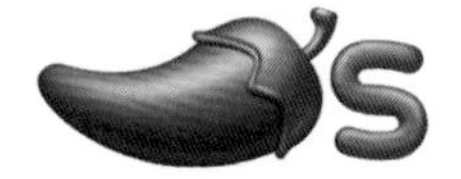

9. Church's Chicken (美國)

10. Clarion (美國)

11. Club Med (法國)

1. Accor: 法國Novotel SIEH集團結合Jacques Borel International成立Accor集團，旗下飯店之層次從最經濟到最高級通通涵蓋，連鎖遍布全球，標誌訴説旅行者如候鳥，遊歷世界各地，新形象將原本三隻重疊的候鳥簡化到只剩一隻，更加穩重與現代感。

2. Bellewaerde: 比利時西北方的主題遊樂園，以一次世界大戰Bellewaerde戰場為名，原是動物園，後來添加遊樂設施，營造花園與景觀，每年吸引大量遊客，以獅子為標誌，除彰顯與動物園的關連，也宣示王者的地位。

3. Busch Gardens: 位於美國佛羅里達與維吉尼亞的兩家主題遊樂園，尤其是維吉尼亞的歐洲樂園，被喻為最美的遊樂園，屬於Anheuser-Busch集團的SeaWorld Parks & Entertainment。

4. Baskin Robbins: 全球最大的冰淇淋專賣連鎖店，其31標誌來自強調31種口味冰淇淋，但Baskin Robbins名稱卻被忽略，新形象巧妙解決此一問題，呈現更年輕與快樂的面貌。

5. Bennigan's: 愛爾蘭風格的美式酒吧餐廳，等同於日本的居酒屋，形態與TGI FRIDAY's餐廳差不多，裝潢是木造與天然的鄉村風格，標誌也傳統古典。

6. Best Western: 原是美國西部的連鎖旅館品牌，以獨特的協會方式加盟，經營權各自獨立，才能發展成為全球單一品牌最大的連鎖旅館，其皇冠標誌修改得像W字，朝高級飯店發展，中文翻譯為「最佳西方」或音譯為「貝威」。

7. Carnival: Carnival Cruise Lines原是獨立公司，現在成為上市公司Carnival旗下品牌之一，同時擁有Cunard和Princess等品牌，是全球最大遊輪公司，呈現嘉年華的歡樂。

8. Chili's: 光聽到名字就覺得很辣的餐廳，少不了墨西哥招牌菜chili和taco，新標誌乾脆以辣椒為圖，如Apple Computer般不再用文字，2011年形象再修正。母公司名為Brinker International，是全美第二大餐廳經營集團。

9. Church's Chicken: 德州的炸雞速食連鎖，Church是創辦人的姓氏，與教堂無關，標誌中呈現德州的星星圖案，在中東卻得改名Texas Chicken，在臺灣也曾以德州炸雞為品牌短暫出現過。

10. Clarion: Choice Hotels連鎖將Quality Royale的品牌改為Clarion，舊標誌與Comfort Inn相似，新標誌則改用C字，與Comfort Inn做區隔，另延伸出更高級的Clarion Collection品牌。

11. Club Med: 地中海俱樂部第一個渡假村設於西班牙的Mallorca島，當初是標榜渡假結合運動的新休閒形式，採收費入會制度，會員透過各種活動相互交流，現今渡假村地點已不局限於海邊，但仍以魚叉為標誌。

12. Comfort Inn (美國)

13. Courtyard by Marriott (美國)

14. CROWNE PLAZA (英國)

15. CUNARD (美國)

16. Disneyland Resort (美國)

17. Denny's (美國)

18. Domino's (美國)

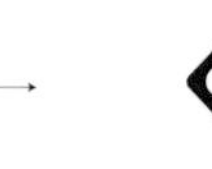

19. DQ (美國)

20. Dreamworld (澳洲)

21. DUNKIN' DONUTS (美國)

22. First Choice (英國)

12. Comfort Inn: Choice Hotels連鎖於80年代推出的品牌，強調的是舒適的旅館而非豪華大飯店，吸引預算不高的家庭與商務旅客，業績的成長反而非常快速，而發展出獨立形象。

13. Courtyard by Marriott: Marriott公司起初名稱Hot Shoppes，從餐飲服務逐漸跨足旅館業，1967年公司更名為Marriott，1993年Marriott分割為二，由Marriott International負責旅館業務，Courtyard是Marriott眾多品牌之一，專為商務人士設計，發展至今已擁有2800多個飯店。

14. CROWNE PLAZA: 第一家設於馬里蘭州，原名Holiday Inn Crowne Plaza，1994年成為獨立品牌拿掉Holiday Inn名字，朝向五星級飯店發展，現隸屬於英國InterContinental Hotels Group（IHG）。

15. CUNARD: 回溯自1836年的英國與北美郵輪公司，獲英國皇室授權使用皇家郵輪封號，最著名旗艦為瑪莉皇后二號，1998年併入Carnival集團，2005年品牌保留但公司則結束170年的歷史。

16. Disneyland Resort: 位於加州結合樂園與數個飯店的渡假中心，1955年由Walt Disney公司開始樂園事業，1998年又新開冒險樂園，2001年終於完成完善的渡假中心，Walt Disney目前在全球共有五個渡假中心。

17. Denny's: 提供多元食物的家庭餐廳，起初名稱Danny's Donuts，後來改為Denny's才能通過商標註冊，展店數亦開始增加，公司也從Trans World更名為Denny's，提供24小時全年無休服務，在日本由Seven & I控股經營。

18. Domino's Pizza: 1960年Tom Monaghan從買下一家名為Dominick's Pizza開始發跡，經營形態是非常小的店面以外帶與外送服務為主，標誌上的三個點代表最早的三家店，原本打算新開一家就加一個點，卻因展店速度太快而作罷，在臺灣稱為達美樂比薩。

19. DQ: Dairy Queen最早名為Herb's，原只是一家小冰淇淋店，成為早期速食餐廳連鎖先驅，新形象延續舊的基礎，增添活力動感線條，而Berkshire Hathaway控股看中其獲利潛力，將其收購。

20. Dreamworld: 夢世界位於昆士蘭黃金海岸，是澳洲最大的主題樂園，有挑戰人類恐懼極限的遊樂設施與動物園，類似臺灣的六福村，2006年在夢世界旁又增加水世界樂園WhiteWater。

21. DUNKIN' DONUTS: 第一家店於1950年開設於麻塞諸塞州，爾後公司賣給製酒商Allied Domecq，連同Togo's與Baskin-Robbins獨立為Dunkin' Brands，現標誌強調咖啡店經營的走向。

22. First Choice: First Choice Holidays公司的旅遊品牌之一，經營旅行社與銷售套裝旅遊行程，與Thomson Holidays將合併為TUI Travel，但First Choice品牌續存。

23. Four Points by Sheraton (美國)

24. TGI FRIDAY's (美國)

→

25. Hardee's (美國)

→

→

26. Hilton (美國)

→

→

27. Holiday Inn (美國)

→

→

28. HOMEWOOD SUITES (美國)

→

→

29. Howard Johnson (美國)

→

→

30. IHOP (美國)

→

31. InterContinental (英國)

→

→

32. Island Cruises (英國)

→

33. Jollibee (菲律賓)

→

23. Four Points by Sheraton: ITT Sheraton的子品牌，隨著Sheraton賣給Starwood，標誌由指向東西南北的方位圖形，轉變為全新的小風車圖案，以符合現代感經營走向。

24. TGI FRIDAY's: 名稱源自Thank God It's Friday.，感謝上帝終於星期五可放鬆與享受，簡稱 Friday's，1965年於紐約開立第一家店，1975年起隸屬於Carlson公司集團，標誌呈現餐廳紅白相間的雨蓬。

25. Hardee's: 美國東部與中部的速食連鎖，以火烤的風味取勝，被擁有美西Carl's Jr. 速食連鎖的CKE Restaurants買下，用快樂的五角星為標誌，搭配書法型的字體融合新潮與典雅。

26. Hilton: 希爾頓飯店集團自1919年從德州發跡，後來將負責美國本土的美國與國際營運的英國兩公司分離，經過40年後於2006年再度合併，旗下十幾個飯店品牌，還有以創辦人名字命名的Conrad飯店連鎖。2010年集團更名Hilton Worldwide，使用與飯店不同的識別標誌。

27. Holiday Inn: 原來定位是給旅者一個位於道路旁提供乾淨、價格不高的住宿旅館，附設室內游泳池讓連鎖以驚人的速度發展，公司賣給InterContinetal飯店集團，朝向更高檔的飯店發展，並陸續啟用全新標誌。

28. HOMEWOOD SUITES: Hilton旗下公寓式旅館，旨在服務多日與長期住房旅客，給予住家的感覺而非套房，綠頭鴨標誌營造舒適悠閒的氛圍。

29. Howard Johnson: 以創辦人為名的餐廳與旅館品牌，1925年Howard Johnson在他的小店裡開始賣冰淇淋，存有足夠的錢後開了第一家餐廳，1954年擁有400家餐廳時再入汽車旅館業，而如今餐廳幾乎全關閉，旅館品牌則屬於Wyndham Worldwide。

30. IHOP: 原名International House of Pancakes，以美式煎餅、鬆餅等為主的早餐連鎖，也有漢堡等速食，A字形建築與藍色屋頂是餐廳建築特色，新標誌的配色呼應了餐廳建築的形象。

31. InterContinental: 洲際飯店原是Pan American航空有感於其到達的地點缺乏高品質飯店，於1946年起設立洲際飯店，後來賣給英國Bass，Bass賣掉釀酒事業，化身為現在的InterContinental Hotels Group（IHG），新標誌更像一塊金字招牌。

32. Island Cruises: Royal Carribean與First Choice Holiday共資的郵輪品牌，只有兩艘船做營運，新形象由五個方塊結合出藍天、碧海、綠樹、陽光與沙灘。

33. Jollibee: 原名Jolibe，然後結合Jolly Bee二字成為Jollibee，以快樂蜜蜂為標誌，發展為菲律賓最大速食連鎖店，是菲律賓本土餐廳成功的特例。

34. Kentucky Fried Chicken (KFC) (美國)

→

→

35. Long John Silver's (美國)

→

→

36. McDonald's (美國)

→

→

37. Mercure (法國)

→

→

38. NIPPON TRAVEL AGENCY (日本)

→

39. NORWEGIAN CRUISE LINE (美國)

→

→

40. Olive Garden (美國)

→

41. OUTBACK STEAKHOUSE (美國)

→

→

42. Quick (比利時)

→

43. Quiznos (美國)

→

→

44. Ponderosa Steakhouse (美國)

→

→

34. Kentucky Fried Chicken: 由Colonel Harland Sanders於肯德基州賣炸雞開始，1991年縮稱KFC，原因是不再只賣炸雞，而且油炸聽起來不健康，經營權現屬於Yum! Brands，美國本土重新使用Kentucky Fried Chicken，新標誌中Colonel Sanders穿起員工制服。

35. Long John Silver's: 美國著名海鮮速食餐廳，以金銀島中的海盜船長為名，中文名「海滋客」，圖案由海盜船的旗幟變為海與魚以強調海鮮，屬於Yum! Brands。

36. McDonald's: 麥當勞是世界最大的速食餐廳連鎖，歸功於現代化與快速的服務，雙拱型的M字標誌家喻戶曉，近來宣傳口號"I'm lovin' it."，以McCafe拓展咖啡業務。

37. Mercure: 法國Accor飯店集團旗下的中高檔飯店連鎖品牌，遍布47國擁有750個飯店，新形象手寫的M字與運用紫紅色系，彰顯貴氣與華麗。

38. 日本旅行: 1905年於滋賀縣開始承辦國鐵團體旅行業務，現在是JR西日本的子公司，舊標誌為日旅，新形象以N字變化為彩帶。

39. NORWEGIAN CRUISE LINE: 成立於佛羅里達，起初是提供比較低價的加勒比海郵輪服務，現屬於Genting Group（雲頂集團）下的麗星郵輪公司。

40. Olive Garden: 揉合美義風格的家庭餐廳，不用Olive而以葡萄為標誌，或許要強調產製自有品牌葡萄酒，屬於Darden Restaurant的品牌之一。

41. Outback Steakhouse: 1988年才創立的牛排餐廳，標榜澳洲荒野（Outback）主題風格，使用紐西蘭頂級牛肉，隨著不斷推出新品牌，母公司改名為OSI Restaurant Partners，標誌由袋鼠變成MacDonnell山脈。

42. Quick: 同McDonald's性質的歐洲速食連鎖，由比利時開始擴展，品牌名稱直接訴求速食的快速性，標誌由屋頂變成整個房子。

43. Quiznos: 販售潛艇堡三明治的速食連鎖，其三明治都先用烤箱加熱，有別於其他競爭者，新形象與展店數已超越舊有的對手Blimpie。

44. Ponderosa Steakhouse: 名稱來自電視影集裡的Ponderosa Ranch樂園，特色在於點主餐就享有吃到飽的百匯與沙拉，隸屬於Metromedia Restaurant Group（MRG），新標誌中杉樹圖案消失。

45. Phantasialand (德國)

→

→

46. Princess Cruises (美國)

→

→

47. premier travel inn (英國)

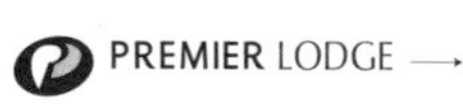

→

→

48. Radisson (美國)

→

49. Ramada (美國)

→

50. Red Lobster (美國)

→

→

51. Red Roof Inn (美國)

→

→

52. RENAISSANCE (美國)

RENAISSANCE HOTELS
→
RENAISSANCE
HOTELS & RESORTS
→

53. RIU (西班牙)

→

54. Round Table Pizza (美國)

→

55. Royal Caribbean International (美國)

→

45. Phantasialand: 德國著名大型遊樂場，將遊樂設施融入世界各國景觀與建築中，甚至有中國式的飯店，字體標誌有著扭曲的中東字體風格。

46. Princess Cruises: 於60年代開始營運的Princess Cruises，被P&O買下後稱為P&O Princess，再被Carnival合併，Princess Cruises成為Carnival旗下品牌，標誌中的公主髮絲如海。

47. premier travel inn: Whitbread家族旅館最初以Travel Inn為品牌，買下Premier Lodge後，更名premier travel inn，為和Travelodg有所區隔，大膽使用紫色調，再更名為容易記的 premier inn。

48. Radisson: 歷史悠久的飯店連鎖，1962年被Carlson公司買下，在部分國家與Rezidor SAS合作，以Radisson SAS為品牌，Carlson公司還從Four Seasons飯店手中買下Regant品牌。

49. Ramada: Cedant一度將負責Ramada美國本土的美國與負責國際營運的 Ramada International兩公司分離，近來Cedant從Marriott手中買回Ramada International，再合併為Ramada Worldwide，現屬於Cedant改組後的Wyndham Worldwide。

50. Red Lobster: 海鮮速食餐廳，菜單中當然有龍蝦餐點，不然就名不符實，1995年結合Olive Garden等成立Darden Restaurants經營公司，從General Mills分離出來。

51 Red Roof Inn: 俄亥俄州發跡的旅館，目標客戶是關心價格的旅客，所以比其他業者更低價，Accor接手後全面改裝，換掉古老字體的標誌，最近又轉賣給Citigroup。

52. RENAISSANCE: 原是Ramada的高級飯店Ramada Renaissance，發展為獨立品牌Renaissance，輾轉賣給香港的新世界開發，現則隸屬於Marriott，新標誌單純、優雅卻不繁複。

53. RIU: 1953年由Riu家族在西班牙的Majorca創立，從小型飯店變成國際飯店連鎖，目前與TUI共同經營，新形象提升皇冠與字體線條的細緻。

54. Round Table Pizza: 圓桌的意思是歡聚的地方，後來才加入King Arthur與武士的主題，將餐廳裝潢像英國城堡，標誌中的三面盾牌代表FUN三字，展現義大利色彩。

55. Royal Caribbean International: Royal Caribbean Cruises公司由三個挪威船公司於佛羅里達成立，成功的發展憑藉著不斷建造更大更豪華的郵輪，目前擁有數艘世界最大的郵輪。

56. Scandic (瑞典)

57. SeaWorld (美國)

58. Sheraton (美國)

59. Six Flags (美國)

60. Sizzler (美國)

61. SOFITEL (法國)

62. STARWOOD (美國)

63. STARBUCKS (美國)

64. Swissotel (美國)

65. SUBWAY (美國)

66. TACO BELL (美國)

56. Scandic: 瑞典飯店連鎖，最初名稱Esso Motor Hotel，後來更名Scandic Hotels宣示其在Scandinavia半島的領導地位，經營權剛由Hilton賣給私募基金EQT，新標誌字體微妙的粗細變化更顯現代感。

57. SeaWorld: 第一座美國的海洋世界於San Diego開幕，爾後成為連鎖樂園，以殺人鯨表演著名，現隸屬於Anheuser-Busch的Busch Entertainment，新形象將殺人鯨標誌以抽象方式處理。

58. Sheraton: 1937年開始於麻塞諸塞州，是紐約證交所第一個上市的飯店連鎖，曾被ITT買下，開始ITT Sheraton品牌，1998年ITT飯店事業併入Starwood集團，標誌一直維持S字與桂冠的結合。

59. Six Flags: 全球最大的樂園連鎖，由德州開始，名稱Six Flags源自曾飄揚在德州歷史上的六個國旗，公司經營權轉了好幾手到Premier Parks，旗下樂園換上Six Flags名稱，公司也改名為Six Flags。

60. Sizzler: 連鎖餐廳起初名為Del's Sizzler Family Steak House，Sizzler彷彿牛排在烤架上吱吱響的聲音，中文名稱「時時樂」，已來台十多年，2002年形象更新，傳達燒烤時的冒煙情境。

61. SOFITEL: 豪華飯店Hotel Sofitel開始於法國，內裝標榜富麗堂皇，或奢華現代風，現在是Accor旗下最頂尖品牌，雙O字新標誌強調珠寶般的精緻與豪華。

62. STARWOOD: 由地產投資基金STARWOOD開始，先後買下Westin、Sheraton等，近年再合併Le Méridien，積極擴展歐洲與中東的市場，擁有許多飯店品牌的經營，在中國譯為「喜達屋」。

63. STARBUCKS: 公司起初在西雅圖的魚市場旁，主要販賣高品質咖啡豆，Howard Schultz建議高層將Starbucks改成義大利式的咖啡店，想法卻沒被採納，Schultz只得自己另設Il Giornale，後來Schultz買下Starbucks，合併原有的Il Giornale，成就今日世界最大的咖啡店連鎖，標誌是雙尾美人魚圖案，中文名稱「星巴克」。2011年在原標誌的基礎下更新形象，圖案去掉了文字，超越原有的咖啡產品。

64. Swissotel: 原是瑞士飯店連鎖，後來隸屬於新加坡的Raffles控股，現在跟著Raffles飯店賣給美國的地產投資基金Colony Capital，新形象拿掉瑞士的十字國徽。

65. SUBWAY: 美國第二大速食餐廳連鎖僅次於McDonald's，是世界排名最大的潛艇堡三明治連鎖，以地鐵為品牌出奇制勝，公司則名為Doctor's Associates。

66. TACO BELL: 販賣taco、burrito等墨西哥食物的速食餐廳，Bell也是創辦人的姓氏，於是以鐘為標誌，與電話公司無關，經營權現屬於Yum! Brands。

67. TCBY (美國)

68. Thomas Cook (德國)

69. Tim Hortons (加拿大)

70. TOKYU HOTELS (日本)

TOKYU HOTELS

71. Tony Roma's (美國)

72. Travelodge (英國)

73. Travelport (美國)

74. TUI (德國)

PREUSSAG

75. Westin (美國)

76. Wyndham (美國)

WYNDHAM HOTELS AND RESORTS

77. Yoshinoya (日本)

67. TCBY: 販賣冷凍優格與冰淇淋的連鎖店，TCBY意義為The Country's Best Yogurt，新形象刻意以不規則的展示字型（Display Font），呈現有趣的風貌。2010年更換形象，特色在於y字像杯子。

68. Thomas Cook: 由英國人Thomas Cook所創辦的旅遊服務公司，經營權雖多次轉移，品牌名則始終未變，即使最近被德國C&N Touristic合併，公司還是維持Thomas Cook，新形象則改用C&N的色彩做出球體造形。

69. Tim Hortons: 由冰上曲棍球員Tim Horton所創立的甜甜圈店，是加拿大最大的咖啡與甜甜圈連鎖，公司以Tim Donut Limited上市，1995年被Wendy's餐廳合併，最近又獨立出來。

70. TOKYU HOTELS: 東急集團的飯店事業共有四個品牌，新形象整合連鎖品牌以傳達Tokyu Comfort的企業概念，標誌以柔和的曲線取代過度日式的紋飾圖案。

71. Tony Roma's: 與創辦人Tony Roma同名的餐廳連鎖，由佛羅里達州開始，以使用小牛背肋排而聞名，新形象源自舊式樣，以名稱為主要訴求，並增加海鮮的品項。

72. Travelodge: 最早第一家Travelodge開在南加州，世界各國均有使用同名的品牌，但經營公司各不相同，美國屬於Wyndham Worldwide，英國屬於Dubai控股，英國的標誌更換為睡得很舒適的人。

73. Travelport: Cendant分割後，旅遊服務事業部門更名為Travelport，賣給私募基金Blackstone集團，Travelport的優勢是遊客可透過其網路系統完成所有旅遊的前置服務作業。

74. TUI: 公司名稱從TUI、HTU至Preussag，爾後賣掉工業部門，名稱再回到TUI（Touristik Union International）旅遊與運輸集團，船務由子公司Hapag-Lloyd代理，而旅行業務將與First Choice Holidays合併成TUI Travel。

75. Westin: 1930年飯店初名Western Hotels，經過20年的發展更名為Western International Hotels，再縮稱Westin Hotels，現隸屬於Starwood集團，是知名的高級飯店連鎖。

76. Wyndham: 該飯店品牌發跡於德州，快速的發展卻讓公司數度轉手經營，最後賣給Cendant，而Cendant分割時將所有旅館服務事業獨立為Wyndham Worldwide，擁有包含Wyndham、Travelodge等6300多個旅館，號稱全球最大的旅遊與飯店控股公司。

77. Yoshinoya: 吉野家是日式牛肉飯的連鎖店，1899年成立於東京築地魚市場內，卻在1980年申請破產保護，納入西武流通Saison集團，1988年與D&C合併，公司名為Yoshinoya D&C，曾因美國牛肉出現問題使得招牌牛肉飯供應中斷，母公司因應多角化餐廳經營，改名為吉野家控股。

歸納

- 以圖案加字體有62個，而單純使用文字標準字體為標誌者僅有15個。
- 紅、黃色系是餐飲業最愛，30個餐廳中有17個；藍色系是旅館旅遊業最愛，47個中則有18個之多。
- 連鎖品牌經營是餐廳與飯店最大的優勢，為了擴大加盟，無不致力改善經營與形象，達到標準化與國際化。
- 為服務不同層次的消費者，一個控股公司下經常擁有眾多餐飲與旅館品，而品牌雖然經常被交易，但母公司形象則不受影響。

Retail

由農業時代進到工商時代，過往自給自足、以物易物的方式也進化到商品大量製造，而貨品從工廠並非直接到消費者手中，因消費者希望能選擇多樣化，可比較不同品牌的品質與價格，其間便有各種形式的商店，大到上萬平方公尺的賣場或小至流動的個人小攤販，在自由經濟的競爭下，各顯本領。近來通路商掌握一切行銷，於是製造商自營通路與建立物流系統，而通路商也自營品牌，藉此降低售價更能貨暢其流。

第九類：百貨流通業

涵蓋百貨公司、超市、量販店、連鎖賣場、便利商店、零售與流通事業。但藥房另列於醫療生技業。

1. 7-Eleven (美國)

→

→

2. Seven & I Holdings (日本)

SEVEN-ELEVEN JAPAN CO., LTD.

→

3. albert heijn (荷蘭)

→

→

4. ampm (美國)

→

5. ASDA (英國)

→

→
ASDA
part of the WAL★MART family

6. Auchan (法國)

→
Auchan

7. BEALLS (美國)

→

→

8. BI-LO (美國)

→

→

9. BJ's (美國)

→

10. bloomingdale's (美國)

BLOOMINGDALE'S →

11. Booths (英國)

→ BOOTHS

1. 7-Eleven: 最早是由一位Southland Ice Company的職員在店裡賣起牛奶、蛋、麵包等便利商品，後來開設第一家便利店，名為Tote'm，因營業時間從上午7點到晚上11點，遂將店名改為7-Eleven，1999年Southland Company也更名為7-Eleven, Inc，2005年由日本伊藤洋華堂組成的Seven & I控股完全取得經營權，7-Eleven遂成為日本企業，在臺灣由統一超商獲得授權經營，簡稱為seven，如其形象一直強調7字樣。

2. Seven & I Holdings: 日本伊藤洋華堂整合日本7-Eleven成立Seven & I控股，管理伊藤洋華堂、7-Eleven、日本Denny's餐廳等，2005年底更併購由崇光與西武百貨共組的Millennium Retailing，使Seven & I控股成為日本最大的百貨零售集團，以7-Eleven的7字加上如同人形的i字為標誌。

3. albert heijn: 1887年就開始雜貨店的經營，以創辦人為名，形象以a與h兩字之組合為標誌 隨著事業的擴大，於1973年成立Ahold公司，代表Albert Heijn Holdings的縮稱，已居荷蘭第一零售商的地位。

4. am pm: 由ARCO創立的便利店品牌，附屬於ARCO加油站內，以加油站結合便利店的策略，在美國相當成功，但單獨便利店品牌未能在臺灣獲得青睞，新標誌呈現由白天連接到夜晚的概念。

5. ASDA: Associated Dairies & Farm Store合併Asquith，名稱縮自ASquith and DAiries，發展成英國第二大超市連鎖，現已被美國零售巨人Wal-Mart所併購，於標誌下特別標明隸屬於Wal-Mart集團。

6. Auchan: 法國歐尚集團開始於1961年，是以經營大型連鎖超市為主的跨國公司，在臺灣則投資潤泰集團的大潤發品牌，歐尚的紅雀鳥標誌代表快樂與友善。

7. BEALLS: 由1915年專賣低於一元美金產品的商店開始，目前百貨公司形態以衣物為主，與Sears、JCPenny同等級，屬於私人家族公司，標誌著重於A字的凸顯，但形式有點老舊。與德州的同名公司沒有關聯。

8. BI-LO: 美國BI-LO超市創於1966年南卡羅萊那，因為顧客都喜歡低買，便以BI-LO為名稱，開業11年後被Ahold買下，現則隸屬於私募基金Lone Star Funds，新標誌強化生鮮食品的新鮮感，與澳洲BI-LO沒有關聯。

9. BJ's: 美國東部的大型會員制量販倉庫，最初由Zayre公司經營，BJ代表Beverley Jean，是創辦人之一的女兒姓名，經營權後來轉給TJX，再成為獨立公司，新標誌的打勾記號讓BJ's形象更強而有力。

10. bloomingdale's: 以創辦人兄弟姓氏為名的高級百貨公司，由紐約漸擴展到加州，邀請著名設計師為其設計提袋為市場行銷手法，現隸屬於Macy's, Inc.，字體標誌中因許多圈圈而增添圓潤的感覺。

11. Booths: 英格蘭北部的連鎖超市，由賣茶葉的小店開始，現主要販賣生鮮食品，以提供在地的優質產品為策略，還能與大型超市競爭，與藥妝品牌Booth無關。

12. Carrefour (法國)

CARREFOUR
Carrefour

→   → 

13. Casino (法國)

 → Casino → 

14. Circle K (加拿大)

 → 

15. Circuit City (美國)

 → Circuit City →  

16. claire's (美國)

 → claire's

17. Conforama (法國)

 → 

18. coles (澳洲)

 →  → coles

19. Costco (美國)

 →  → 

20. daiei (日本)

 →  → 

21. DEBENHAMS (英國)

DEBENHAMS → DEBENHAMS

22. DELHAIZE (比利時)

 → 

12. Carrefour: 法文意義為交叉路口，由於其最早一家店位在法國某地交叉路口，就以Carrefour為店名，中文譯名家樂福，是法國最大零售商，主要經營涵括超市與百貨的大型量販店，1989由統一企業引進臺灣，目前集團總值在同業間僅次於Wal-Mart，商標色彩為紅與藍，而集團標誌僅藍色形象。

13. Casino: 法國另一著名零售集團，原先真的是一個Casino賭場，改為雜貨店後仍用Casino這個怪名稱，目前超市沿用Casino為品牌，新標誌以雛菊為形象而量販店則用Geant為品牌。

14. Circle K:由德州發跡的便利商店，在ConocoPhillips的加持下，一度成為美國第二大便利商店連鎖，但已售給加拿大Alimentation Couche-Tard，日本則屬於Circle K Sunkus，臺灣公司則自立門戶不再加盟，另創新的OK便利店形象。

15. Circuit City: 消費性電子零售商，主要銷售家電與個人電腦，新形象正如一按鈕，原主要競爭品牌為Best Buy，但自從Wal-Mart跨入戰場後，又被搶走大半市場。

16. claire's: 公司由製造假髮的Fashion Trees轉變為銷售服飾與化妝品等的Claire's Stores，目標是年輕小女生，呈現粉紅色的形象，已被Apollo Management併購。

17. Conforama: PPR控股經營的家居品零售賣場，居法國第一，曾經由統一引進臺灣，但經營不好而草草收場，新形象把居家像渡假的概念傳達得更為清楚。

18. coles: 澳洲連鎖超市，由小商店發展到成為澳洲第二大零售集團Coles Group，標誌由球體到選擇的打勾符號，而後只留下單純字體，現從集團切割出來賣給Wesfarmers。

19. Costco: 美國最大的大型會員制量販倉庫，與另一相似性質的Price Club合併，成為PriceCostco，在Price家族退出後更名為Costco Wholesale，其商品在高所得的美國而言是低價，但進口到臺灣反而沒有太大的競爭力。

20. daiei: 曾是日本最大零售商的大榮百貨，過度擴張造成嚴重負債，又加上日本經濟泡沫化，終於面臨重整，在丸紅商事的資助下展開再造，新標誌也是d字，具有新生的萌芽造形。

21. DEBENHAMS: 1813年於倫敦開始經營百貨店Debenham & Freebody，近十幾年來公司經營不免有困境也歷經轉賣，但現在仍還是獨立公司，以設計師服飾與化妝品為主力產品。

22. DELHAIZE: 以創辦人姓氏為名的比利時食品零售商，使用獅子為其標誌，象徵領袖與力量，進入美國市場則是買下Food Town更名為Food Lion做超市品牌。

23. ETHAN ALLEN (美國)

→ ETHAN ALLEN

24. Family Mart (日本)

 FamilyMart → 

25. fnac (法國)

→ 

26. Foot Locker (美國)

foot Locker → 

27. Fred Meyer (美國)

28. Geant (法國)

→ 

→ 

29. Gottschalks (美國)

→ 

30. Harris Teeter (美國)

→ 

31. HBC (加拿大)

→ 

→ 

32. The Home Depot (美國)

→ 

33. JCPenney (美國)

→ 

→ 

23. ETHAN ALLEN: 以美國獨立戰爭英雄為品牌，反映其早期的美式風格，首創在賣場中以實景陳列方式，好比樣品屋，新形象符合其轉趨現代感的經營走向。

24. Family Mart: 源自西友Family Mart事業部，是日本當地品牌走向國際的範例之一，由禾豐集團引進臺灣稱為全家便利商店，目前是臺灣第二大連鎖便利商店，原太陽與星星的標誌圖案只見小規模使用，而北美市場則改用Famima!! 為品牌。

25. fnac: Fédération Nationale d'Achats pour Cadres國家採購聯盟，目前是PPR集團下的文化與消費電子商品零售，中文譯名「法雅客」，在臺灣與新光三越合資，大多在新光三越百貨中，店面較小。

26. Foot Locker: 美國主要的服飾與鞋子零售商，公司原名Woolworth Corp.，更名為Venator Group，最後再以最大的運動鞋專賣店名稱Foot Locker為公司名，標誌圖案是雙手叉腰的裁判。

27. Fred Meyer: 源自奧勒岡州，與其創辦人同名的大型賣場，1999年併入Kroger旗下，品牌仍被保留，標誌採單純的字體表現，呈現大公司的大氣度。

28. Geant: Groupe Casino旗下的超大型量販賣場，新標誌強調綠色形象，可與Carrefour區隔，在臺灣由遠東集團引進，稱為「愛買吉安」，最後Groupe Casino退出臺灣的投資，新品牌名稱「愛買A.MRAT」。

29. Gottschalks: 美國西部的中階百貨公司，1904年由加州發跡，進駐無大型百貨公司的城鎮而得以成功，最早使用POS電子收銀系統，原衣架標誌稍限制其商品範疇，新形象字體高挑而有時尚品味。

30. Harris Teeter: 歷史可追溯到1936年的Harris Super Market，1960年與Teeter's Food Mart合併，形成結合兩位創辦人姓氏的連鎖超市，現隸屬於Ruddick Corporation，策略是朝向更高等級的食品賣場，但標誌卻感覺平價跟不上腳步。

31. HBC: 溯源自1670年起英國設立於加拿大的Hudson's Bay Company公司，擁有大片Hudson Bay土地，負責對印度的貿易，後來土地歸還給新成立的加拿大，英國政府補貼該公司30萬英鎊，轉型從事零售業，主要百貨公司品牌為the Bay和Zeller，新形象回歸歷史的徽章標誌。

32. The Home Depot: 由兩位被Handy Dan解雇的員工所創立，是美國最大的居家修繕賣場品牌，遍布美國本土五十州，更向海外擴展，在中國大陸稱為「家得寶」，形象用木箱常用的stencil字體。

33. JCPenney: 與創辦人同名的中級百貨公司，除了傳統賣場外，JCPenney更開拓型錄、電視、網路等通路，新形象從一塊閃亮的招牌變成強調JCP，但後段容易被開念成enney。

34. JUSCO (日本)

 → JUSCO

35. John Lewis (英國)

JOHN LEWIS → John Lewis

36. KOHL'S (美國)

 →  → 

37. Kroger (美國)

 →   → 

38. kmart (美國)

  →  → 

39. LAWSON (日本)

 → 

40. LOWE'S (美國)

 →   → 

41. Macy's (美國)

 →  → 

42. MARKS & SPENCER (英國)

MARKS & SPENCER → MARKS & SPENCER → 

43. Marshalls (美國)

 → 

44. METRO (德國)

METRO AG → METRO Group

34. JUSCO: 從「岡田屋吳服店」擴展到JUSCO（佳世客），1989年集團化後母公司改稱AEON，JUSCO仍為旗下最大的綜合百貨賣場名稱，JUSCO與AEON標誌設計有異曲同工之妙。

35. John Lewis: 由1864年的布莊發展成為John Lewis Partnership的百貨公司事業，將每一員工都當成事業夥伴，享有年終紅利，因此造就該公司的成長。

36. KOHL'S: Kohl家族由經營傳統雜貨店發展為折扣百貨公司，而不同於一般百貨公司分別結帳的方式，採量販賣場的集中結帳出口，新形象僅標誌增加slogan，維持厚實穩重的形象。

37. Kroger: 1883年由俄亥俄州發跡，成為美國最大的雜貨零售商之一，集團擁有超市、百貨公司、便利商店等，數十年來形象改變不大，僅將標誌予以半立體化。

38. kmart: Kresge於1899年開始經營低價的雜貨店，為未來的kmart奠下基礎，其低價策略在70年代的確成為領導者，80年代後期逐漸因其店舖老舊，公司又將重心轉移到新事業，以致於被競爭者超越，2005年與Sears合併，形象朝向更大方而簡潔。

39. LAWSON: 名稱源自美國Lawson's Milk，60年代Lawson's Milk被收購，1974年Daiei與美國合資開設第一家日本Lawson，反而在日本成功，牛奶瓶子的標誌受到歡迎與信賴。而新標誌則純粹是LAWSON字體，強調正派與歷史。

40. LOWE'S: 由北卡羅萊那州的一家五金店開始，發展為美國僅次於The Home Depot的居家修繕工具的賣場品牌，房子造形的標誌也成為典型的賣場入口。

41. Macy's: 美國歷史悠久的百貨公司，以紐約為根據地開始向外擴張，Federated百貨合併Macy's，後來Federated公司名稱也改為Macy's，是美國全國性的最大百貨集團。

42. MARKS & SPENCER: 第一家正式的M&S成立於1904年，拜其銷售英國製品策略而打下名聲，新形象整合成為一個標語型的標誌，由統一集團引進臺灣設店，進駐位於高雄的夢時代購物中心與臺北的東區，中文品牌譯名「馬莎」，可惜很快就結束營業。

43. Marshalls: 自助式的低價百貨折扣服飾百貨公司，其經營模式是收購即將過季或出清的設計師服飾，再以非常的低價折扣促銷，隸屬於TJX公司。

44. METRO: 集團主要以所謂Cash-and-Carry批發量販，另經營量販店、超市等，於1998年買下歐洲的Makro（萬客隆），在歐洲零售傷排名第二，僅次於Carrefour。

45. meijer (美國)

→ MEIJER → meijer

46. mervyn's (美國)

MERVYN'S → mervyn's → mervyns

47. MIGROS (瑞士)

M MiGROS → MIGROS

48. MFI (英國)

→

49. niko mart 福客多 (臺灣)

→

→

50. NORDSTROM (美國)

→ N NORDSTROM → NORDSTROM

51. OTTO (德國)

→

→

52. piggly wiggly (美國)

→

→

53. Printemps (法國)

Printemps →

→

54. Publix (美國)

→ Publix

55. ROBA (加拿大)

→

45. meijer: 私人家族擁有的區域性超市連鎖，主要地點在美國中西部，尤其是密西根州，長久以來堅持高品質與低價格，成為最大的私人公司之一，新形象使用小寫字體更有親和力。

46. mervyn's: 創辦人Mervin Morris在加州開了第一家百貨店，招牌卻被誤植為mervyn's，於是將錯就錯，曾被Target的母公司買下，直到2004年再度獨立。

47. MIGROS: 名稱來自法語，暗示價格介於零售與量販之間，採取合作社經營模式，因其橘色形象，在瑞士被稱為橘色巨人，新標誌中M字雖不再出現，還是經常被當做圖案使用。

48. MFI: 英國家具零售商，全名Mullard Furniture Industries，一度成為ASDA-MFI公司，面對IKEA的競爭，公司現賣給Merchant Equity Partners，以便投入更多資金改善客服與物流，標誌由保守變更為現代。

49. niko mart: 起初由萬海航運與日本niko mart合作設立日光便利商店，後來由泰山企業接手改成福客多超商，日本niko mart已倒閉，福客多近來改換微笑新形象，頗令人耳目一新，但市場佔有率未見起色，公司現已轉換為全家的加盟店。

50. NORDSTROM: 原名Wallin & Nordstrom，經歷60餘年發展後，由鞋店再增加服飾銷售，成為全國性的Nordstrom高級百貨公司，連阿拉斯加州都有其蹤影。

51. OTTO: Otto Versand成立於德國漢堡，原本只銷售鞋子，目前已是全球最大的郵購公司，第二大網路購物公司，不以實體店舖銷售，是擁有眾多直效行銷公司的集團，產品集中於流行服飾與紡織品。

52. piggly wiggly: 創辦人Clarence Saunders將自助式雜貨店的概念申請專利，而公開標價更確立該連鎖的成功，最高峰時曾達到2660店，但現存600家連鎖店都是獨立經營，延續可愛的小豬造型標誌。

53. Printemps: 春天百貨1865年於巴黎創立，目前該旗艦店外觀與彩繪玻璃圓拱屋頂都已列為歷史古蹟，也曾來臺灣開設明德春天百貨，標誌由花朵變換為單純的字體。

54. Publix: 1930年於佛羅里達州發跡的超市連鎖，由員工所共同擁有的最大私人公司之一，主要銷售食物與藥品，以綠色呈現健康形象。

55. RONA: 加拿大兩建材公司合組成Ro-Na Dismat集團，再更名為RONA Inc.，新A字如屋頂造形，現在The Home Depot大軍壓境，挑戰其在加拿大的地位。

56. Radio Shack (美國)

→

→

57. SAKS FIFTH AVENUE (美國)

→

→

58. Sam's Club (美國)

→

→

59. Sears (美國)

→

→

60. SAFEWAY (美國)

→

→

61. Sainsbury's (英國)

→

62. SEIYU (日本)

63. Somerfield (英國)

→

64. SPAR (荷蘭)

→

65. sunkus (日本)

66. Super Autobacs (日本)

56. Radio Shack: 1963年被Tandy買下，由銷售聲音擴大器到電子設備的賣場，新形象以紅色R字為標誌，彷彿是註冊商標的翻版，而字體更現代感。

57. SAKS FIFTH AVENUE: 美國頂級的百貨公司連鎖，1926年搬到曼哈頓第五大道上而得名，現隸屬於Saks Incorporated，新標誌恢復過去的歷史榮耀。

58. Sam's Club: Wal-Mart旗下的大型會員制量販倉庫，使用的是創辦人的名字，菱形標誌演變為合作與發展的新形象。

59. Sears: Sears發跡於19世紀末的芝加哥，透過郵購銷售手錶起家，1925年才開設第一家百貨店，原總公司大樓Sears Tower曾是世界第一高樓，但隨著公司逐漸失去市場，Sears Tower所有權也易主，Kmart與Sears合併為Sears Holdings。2010年sears更換了現代的新形象

60. SAFEWAY: 溯源自1926年Skaggs Stores與Sam Seelig合併，形成目前北美第二大的超市連鎖Safeway，而英國與澳洲之經營權已經分離，其名稱也是另一保險套品牌。

61. Sainsbury's: 1869年由 Sainsbury家族經營的小店開始，如今市佔率僅落於TESCO與ASDA之後，集團公司J Sainsbury plc更跨入地產與銀行業務。

62. SEIYU: 源自西武百貨的西武商店，1963年改名為「西友」，曾開發著名的原創品牌無印良品，2001年接受美國Wal-Mart資金，而後正式成為Wal-Mart旗下子公司。

63. Somerfield: J H Mills於1875年開始經營雜貨店，1950年店名改稱Gateway，1994年再改為Somerfield，現主要經營中小型超市，以位於市區同時提供多樣化選擇為策略。

64. SPAR: 最早名稱為荷蘭語DE SPAR，意義為透過合作公司人人獲利，DE SPAR也是冷杉屬植物名，因此，SPAR的標誌即是冷杉。

65. sunkus: 最早是由長崎屋所創立的便利商店，名稱結合sun kids us而成，聽起來像是Thanks，現今與日本Circle K結合為Circle K Sunkus公司，但兩個品牌仍各自獨立拓展連鎖店。

66. Super Autobacs: 1974年於大阪成立第一家Autobacs 1997年再設第一家Super Autobacs，原先沿用Autobacs的形象，而後導入美式的豪華形象。

67. TARGET (美國)

→ TARGET →

68. TESCO (英國)

TESCO → TESCO → TESCO

69. Tower Records (美國)

TOWER RECORDS → TOWER RECORDS → TOWER.COM

70. True Value (美國)

→ True Value

71. Turkey Hill (美國)

→ TurkeyHill →

72. Waitrose (英國)

→ Waitrose

73. WAL MART (美國)

→

→

74. Wellcome (香港)

→

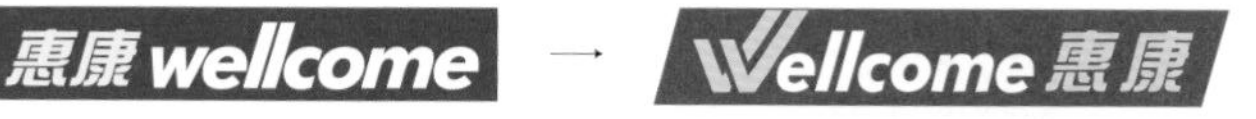

75. White Hen (美國)

→

76. Winn Dixie (美國)

→

→

77. Zellers (加拿大)

→

→ Zellers

67. TARGET: 公司原名Dayton's，1962年以TARGET為名開始經營折扣百貨店，提供比競爭者較高級與時尚感產品，而不只是低價，其商標因名稱緣故自然是標靶，2000年母公司Dayton Hudson也更名為Target。

68. TESCO: 由英國人Jack Cohen所創辦的量販型超市，名稱取供應商T.E. Stockwell的三個字母TES與Cohen的Co，目前是世界第三大雜貨零售商，曾經來臺灣設店，但後來轉給家樂福經營。

69. Tower Records: 淘兒曾是最大的音樂零售店，形象採取黃底紅字的鮮明配色，因擴展太快，加上被線上音樂、量販店圍攻，導致負債而破產，網站也易主，美國以外仍有少數店鋪。

70. True Value: 以合作社會員組織方式經營，現今已有5800個獨立五金店以True Value為共同形象，但相對的保守且缺乏強力的識別。

71. Turkey Hill: 賓州Conestgona被當地原住民稱為Turkey Hill，Turkey Hill Dairy起初銷售Frey家族的乳品，1967年成立Turkey Hill Mini Market，後來賣給Kroger旗下的Dillons，新形象忠實反應其農莊特色。

72. Waitrose: 最早第一家店名使用三個合夥人姓氏Waite, Rose and Taylor，後來簡化成Waitrose，1937年成為John Lewis Partnership旗下的超市連鎖，是英國皇家的雜貨供應商。

73. WAL MART: Sam Walton於1962年開始第一家折扣百貨店Wal Mart，採取一貫的低價策略，居然使得Wal Mart成為世界營業額最大的公司，在不景氣的年代中需要以量制價的逆向操作，新標誌將美國刻板印象的星星轉變為光芒。

74. Wellcome: 惠康超市是香港怡和集團旗下牛奶公司所擁有，在臺灣以「頂好」為中文品牌名，近年來收購惠陽等公司，坐穩臺灣超市最佳品牌。

75. White Hen: 根據地為伊利諾州，以提供高品質的便利商店自詡，經過40餘年的發展後，現已被Seven & I Holdings收購，品牌也將逐漸轉為7-Eleven。

76. Winn-Dixie: 1925年買下一家雜貨店開業，1955年時名稱Winn-Lovett，再買下Dixie後，改稱Winn-Dixie，受到Wal-Mart的競爭衝擊，於2005年宣告破產，經重整後財務已獲改善，形象逐漸單純而成熟。

77. Zellers: 1931年由Walter P. Zeller成立於加拿大安大略省，初名Stores for thrifty Canadians，1978年併入Hbc，至今已成為加拿大第二的量販百貨公司。

歸納

- 單純使用文字標準字體為標誌者有47個，而以圖案加上字體有30個。
- 紅色系是主要顏色有18個之多，藍色系有10個，紅色搭配藍色有7個。
- 百貨公司結合各種賣場與餐廳、娛樂休閒場所，已成為民眾生活中花最多時間駐足的去處，要呈現招來客戶的親和力，不能憑藉老舊的傳統形象。
- 便利店與超市雖然缺乏大型量販與百貨公司的齊全物品或價格競爭優勢，但以連鎖與加盟店的數量形成優勢，著重形象的標準系統，以求擴店的一致性。

Food & Agriculture

Category

10

第十類：食品農糧業

涵蓋各種食品原物料、加工之大宗或消費零售農糧事業，亦納入甜點、冰淇淋，與水、汽水、果汁等無酒精飲料。但以餐廳形式經營者則另屬於餐飲服務，不包含在內。

「民以食為天」這句諺語道盡了人類對食物的依賴，各國政府除了提供政治上的安定外，更需解決是被視為雞狗豬的民生問題，讓人民得以溫飽；當許多民生物資的上漲大多被歸因於石油漲價的連動，實際上食品與農糧的上漲也是主因，加上國際間部分糧食減產又被使用於製造生質柴油，供需失衡亦加劇投機客的炒作，使得食品農糧產業一夕間水漲船高。而配合生物科技的應用，也讓此一產業之前景更為光明。

1. apetito (德國)

→ apetito →

2. ADM (美國)

→

3. Arla (瑞典)

MD →

→

4. ARCOR (阿根廷)

Calidad que conviene.
→

5. Barilla (義大利)

→

→

6. Becel (荷蘭)

→

→

7. Beckers (荷蘭)

→

8. Betty Crocker (美國)

→

→

9. Birds Eye (美國)

→

→

10. Borden (美國)

→

→

11. Cadbury (英國)

→

→

1. apetito: 創辦人是德國的蔬果大盤商，轉向冷凍食品加工與餐飲外燴，90年代開始向外擴張，成為歐洲主要食品公司，取法文bon appetit（用餐愉快）的意義，標誌的更新維持循序漸進形象，呈現動態與活力。

2. ADM: 1923年Archer-Daniels與 Midland兩家亞麻仁油公司合併為Archer Daniels Midland，除原有農產食品外亦往生質柴油能源發展，標誌由化工的表現轉變為強調自然與生態的葉片，是非消費型食品業中最大的公司。

3. Arla: Arla是1881年瑞典第一個酪農合作協會，Arla是early的意思，2000年與丹麥最大的酪農組織MD Foods合併，形成新的Arla Foods，但沿用MD Foods的黃色花朵標誌，新形象更為立體與柔和。

4. Arcor: 名稱源自創業時的糖果工廠所在地Arroyito Córdoba，發展成為阿根廷最大食品公司，標誌由升起的太陽轉變為劃過天際的弧線。

5. Barilla: 著名義大利麵品牌，130年前由一家麵包與製麵店開始，發展至今成為擁有眾多義大利麵品牌的集團，仍由家族企業私有，橢圓的標誌更新維持循序漸進形象。

6. Becel: 聯合利華（Unilever）的乳瑪琳品牌，名稱源自BCL（Blood Cholesterol Lowering），標榜植物性乳瑪琳可降低血液中的膽固醇，舊形象原本是複合太陽、人的奔跑來象徵健康，新形象呈現關愛的心。

7. Beckers: Royal Wessanen的子公司，生產荷蘭傳統點心的冷凍食品，並發展肉類食品，形象呈現肉品常用的紅色調。

8. Betty Crocker: 美國Washburn Crosby Company（後來組成General Mills）為回覆顧客的問題，創造出一位虛擬的人物，以Betty為名加上一位退休主管的姓氏Crocker，1936年時才開始賦予Betty Crocker容貌，讓顧客相信真有此人，成為糕餅烘培的代名詞，標誌是一隻大型湯匙。

9. Birds Eye: General Foods買下Clarence Birdseye急速冷凍食品的發明，成立Birds Eye冷凍食品公司，自此開啟冷凍食品時代，該品牌在美國屬於Birds Eye，但在英國與紐澳各屬於不同的公司，標誌也不盡相同。

10. Borden: 美國著名之乳製品品牌，以名為Elsie的乳牛為企業吉祥物，並擴張其他的食品領域，90年代卻因獲利太差而賣給私募基金KKR，目前Elsie乳牛標誌再度復出，授權給Milk Products LP使用。

11. Cadbury: Cadbury生產巧克力甜點，而Schweppes生產碳酸飲料，這兩個不同領域的英國公司於1969年合併為Cadbury Schweppes，在北美的飲料市場相當活躍，擁有Dr Pepper、7-up等品牌，2008年Schweppes被分出加入新成立的Dr Pepper Snapple Group。

12. candia (法國)

→

13. Campbell's (美國)

→

→

14. Cargill (美國)

→

→

15. Carnation (美國)

→

→

16. ConAgra (美國)

→

→

17. Contrex (法國、瑞士)

→

→

18. Crowley (美國)

→
Crowley

19. DANONE (法國)

→

20. Dean Foods (美國)

→

21. Delacre (比利時)

22. Dreyer's (美國)

→

→

12. candia: 1971年創業於法國，展開區域的酪農合作產銷組織，現為SODIAAL集團之乳製品品牌，行銷全球50多國，標誌為乳滴造形。

13. Campbell's: 美國著名之罐裝濃湯品牌，Andy Warhol曾以濃湯鐵罐創作許多作品，進入臺灣市場時原本想用譯音「康寶」為名稱，但已有Knorr康寶濃湯註冊在先，只好以「湯廚」為品牌。

14. Cargill: 美國第二大私人企業，儘管是大企業但投資的金錢幾乎來自家族而非大眾，涵蓋農糧、食品與營養等領域，新形象是原來標誌形成C字的圖案化作綠葉，巧妙落在i字上方。

15. Carnation: 譯名「三花奶水」，主要是標誌中三朵康乃馨的圖案，所謂奶水是全脂牛乳去掉60%的水分，可延長保存期限，在冰箱未普及前，曾是美國家庭的必備品，現今品牌已賣給Nestlé。

16. ConAgra: 公司初名Nebraska Consolidated Mills，後來更名為ConAgra，結合Consolidated和Agra兩字，Agra的英文意義是from the earth，擁有Hunt's、Knott's Berry Farm、Swiss Miss等主要品牌，新形象強調面對消費者更柔和的面貌，同時傳達食用產品時的會心一笑。

17. Contrex: 法王路易十五的醫生在Contrexéville創設SPA（水療），1908年才將Contrexéville的礦泉水包裝上市，Contrex主要訴求女性的苗條，現今是Nestlé Water旗下品牌。

18. Crowley: 以紐約為基地的食品公司，已有一百多年的歷史，2004年被HP Hood所買下，標誌特色在於C字開頭的轉折。

19. DANONE: 源自西班牙，創辦人以自己兒子的名字DANONE意為"Little Daniel"，美國名稱DANNON，集團是由GERVAIS與DANONE合併為GERVAIS DANONE，然後與玻璃公司BSN合併成為BSN GERVAIS DANONE，再更名為Groupe Danone，主要產品是優格與水，而集團標誌強調的是希望。

20. Dean Foods: 後起之秀Suiza Foods 併購Dean Foods，公司延續Dean Foods名稱，成為美國最大的乳製品公司，新形象原來Suiza的標誌修改自原來Suiza的標誌呈現出D字。

21. Delacre: 1870年比利時的藥劑師使用當時的巧克力藥品因口味大受歡迎，於是開店販賣巧克力，發展出各式各樣的巧克力餅乾，新標誌加註自1891年的歷史。

22. Dreyer's: 在美國西部以創辦人姓氏Dreyer為名的冰淇淋，在東部則以另一創辦人姓氏Edy為品牌名，現被Nestlé所收購，使得Nestlé在冰淇淋方面超越Unilever成為第一。

23. Dr Pepper (美國)

→

→

24. evian (法國)

→

25. Fanta (美國)

→

→

26. Folgers (美國)

→

→

27. Fonterra (紐西蘭)

→

28. French's (美國)

→

29. FrieslandCampina (荷蘭)

→
frieslandfoods

→

30. Frito Lay (美國)

→

31. General Mills (美國)

→

→

32. Gatorade (美國)

→

→

33. GODIVA (比利時)

→

→

23. Dr Pepper: 美國最早的碳酸飲料，原本和可口可樂一樣都是藥品，1986年Dr Pepper與7-up合併，再轉手到Cadbury Schweppes旗下，新標誌以網點形成小氣泡的感覺，現為Dr Pepper Snapple Group的主要品牌。

24. evian: 高價的法國礦泉水，因水源Évian-les-Bains而得名，目前為Danone旗下品牌，產品延伸到化妝品系列。

25. Fanta: 德國可口可樂廠在二次大戰時的產物，名稱源自德文Fantasie，美國廠將之引進，口味也漸多元化，但最受歡迎的還是橘子味道，連標誌都有橘子的聯想。

26. Folgers: 十九世紀中期創業於加州，發展成北美最大的咖啡公司，原屬於P&G的食品與飲料部門，剛賣給J.M.Smucker，標誌營造充滿咖啡的早晨。

27. Fonterra: 2001年由三個紐西蘭乳品共同產銷合作公司合併而成的新公司，譯名「恆天然」，標誌中可見三個環繞的主體，主要品牌有Anchor、Mainland。

28. French's: 美國芥末醬品牌，尤其黃色芥末醬已成為美國芥末的色彩，是熱狗的絕配，現屬於英國Reckitt Benckiser旗下。

29. FrieslandCampina: friesland foods是荷蘭乳品的共同合作公司之一，2004年荷蘭授與皇家名號，新形象字體高挑而有時尚品味，主要品牌有Frisian Flag、formost等，2008年與Campina合併成為FrieslandCampina，光芒標誌象徵由白色牛奶產生無限可能。

30. Frito Lay: 1961年由Frito和H.W. Lay合併，1965年 Frito-Lay 與Pepsi Cola再合併，形成PepsiCo.，Frito Lay主要生產洋芋片與玉米片，主要品牌Lay's，中文譯為「樂事」。

31. General Mills: 1928年由Washburn-Corsby合併其他26個磨坊公司而形成，再合併Pillsbury後，成為世界第六大食品公司，除Betty Crocker、Green Giant，還有Häagen-Dazs等知名品牌，標誌是美式G字獨特的書寫方式。

32. Gatorade: 無碳酸的運動飲料先驅，美國佛羅理達大學的Dr. Robert Caden所研發，給大學美式足球員使用的運動飲料，由S-VC公司生產，現在屬於Quaker Oats。

33. GODIVA: 比利時高級巧克力品牌，以Lady Godiva的故事為名，傳言Godiva與其伯爵丈夫約定，只要Godiva裸體騎馬繞行於Coventry大街而沒有任何人偷看的話，便解除強加於市民的重稅。行銷由美國Campbell's所掌握。

34. Green Giant (美國)

→

→

35. Healthy Choice (美國)

HEALTHY CHOICE → 

→ Healthy Choice

36. Heinz (美國)

→

→

37. HELLMANN'S (美國)

→ HELLMANN'S REAL MAYONNAISE →

38. Hormel Foods (美國)

→

39. iglo (比利時)

→

40. JACOBS (德國)

→ JACOBS → JACOBS

41. Kellogg's (美國)

→

42. Kenco (英國)

→

→

43. KitKat (英國、瑞士)

→

→

44. Knorr (德國)

→

→

34. Green Giant: 1925年明尼蘇達州的罐頭食品公司為行銷其青豆仁而創造的吉祥物，公司名稱後來也改為 Green Giant，中文譯為「綠巨人」，現今是玉米罐頭的代名詞，隨著Pillsbury併入General Mills。

35. Healthy Choice: ConAgra的執行長於1985年心臟病發後需變飲食習慣，也開始以Healthy Choice為品牌銷售健康趨向的冷凍食品，新標誌強調健康的驚奇。

36. Heinz: 追溯自1869年H.J. Heinz創立的辣根醬工廠，逐漸生產調味醬汁與調理餐食等，最著名反而是番茄醬，與另一品牌Hunt's包裝相似但完全不同。

37. HELLMANN'S: 美乃滋品牌，被Best Foods公司買下，洛磯山以西用Best Foods品牌，但洛磯山以東仍用Hellmann's品牌，於2000年併入Unilever。

38. Hormel Foods: 19世紀末成立的肉品包裝公司，以Spam為品牌的午餐肉罐頭而聞名，公司創業103年將公司原名稱Geo. A. Hormel & Co.更改為Hormel Foods，標誌傳達創造、新鮮與便利。

39. iglo: 原是Unilever於歐洲使用的冷凍食品品牌，英國則用Birds Eye品牌，相同的標誌外型，現轉賣給私募基金Permira。

40. JACOBS: 1895年就開始的德國咖啡品牌，現由Kraft德國公司行銷，標誌由皇冠轉變為咖啡杯與香味的俐落設計。

41. Kellogg's: 源自美國穀類早餐的創始公司Battle Creek Toasted Corn Flake Co.，由於Kellogg's穀類早餐的盛名，後來公司名稱更改為Kellogg，中文譯名「家樂氏」，產品有東尼虎、可可猴等吉祥物代言。

42. Kenco: 原是Kenya Coffee連鎖咖啡店，後來很少從Kenya進口咖啡，更名為Kenco，也推出即溶咖啡，現在是Kraft於英國行銷的咖啡品牌。

43. KitKat: 英國Rowntree生產的巧克力甜點，巧克力內包三層奶油薄脆餅，現為Nestlé公司品牌，美國則授權由Hershey產銷，標誌稍微不同。

44. Knorr: 1838年即以創辦人姓氏為名稱創業的德國包裝湯與調味品公司，在臺灣稱為「康寶」，香港稱為「家樂」，2000年併入Unilever，成為旗下最暢銷的品牌。

45. Kraft (美國)

→

→

46. KUN-CHUAN (臺灣)

→

47. Land O'Lakes (美國)

→

48. Libby's (美國)

→

49. Maggi (瑞士)

→

50. McCain (加拿大)

51. McVitie's (英國)

→

→

52. meiji (日本)

→

53. meito (日本)

→

→

54. MILO (澳洲)

→

→

55. Nestle (瑞士)

NESTLÉ
→

→

45. Kraft: 源自1903年James Kraft 的起士事業，後來Philip Morris收購 Kraft，並與之前收購的General Foods合併，再併入Nabisco，整併為Kraft Foods，2007年獨立出來，目前是美國第二大消費型食品集團，集團更新標誌類似Yoplait，但不到半年立刻修改，讓微笑更明顯。

46. KUN-CHUAN: 原只是迪化街的一家糕餅店，有感於牛乳的重要，從光泉牧場事業開始迄今已50年，不僅以牛乳聞名，還經營萊爾富超商，新標誌有著光字上面的三點泉水的意涵。

47. Land O'Lakes: 明尼蘇達的農業共同合作公司，旨在提升酪農的收益與奶油品質，建立現今一磅的條裝奶油標準，標誌是印第安女士手上捧著奶油紙盒。

48. Libby's: 以生產罐裝肉品開始，再擴展到罐裝蔬果，後來罐裝肉品事業賣給ConAgra，而罐裝蔬果事業賣給Nestlé又轉手給Seneca Foods，標誌字體回到復古的形式。

49. Maggi: 1872年即創業開始研發豆科植物的即飲湯，著名產品為鮮味露、鮮雞晶、濃湯等，爾後併入Nestlé旗下，中文譯名「美極」，也算是巧思。

50. McCain: 加拿大的冷凍食品公司，尤其是薯條界的世界龍頭，進入臺灣市場買下龍鳳食品做基礎，標誌強調i字上的光芒。

51. McVitie's: McVitie&Price與MacFarlane Lang合併成為United Biscuits，其 McVitie's品牌以消化餅乾聞名，標誌似有濃濃的金黃燕麥色香味。

52. meiji: 1916年明治製果的前身「東京果子」成立，明治製果以巧克力著名，1917年明治乳業的前身「極東煉乳」成立，兩家兄弟企業於2009年合併為Meiji Holdings，新公司形象改用小寫文字標章。

53. meito: 日本名古屋精糖擁有的名糖乳業與協同乳業（meito），曾共用名糖牛乳商標，現今只留存協同乳業，標誌延續花朵的精神。

54. MILO: 由澳洲的Nestle所研發的麥芽巧克力飲品，名稱源自希臘神話的冠軍運動健將Milon，中文譯名「美祿」，馬來西亞為其最大市場，超越另一競爭品牌Ovaltine。

55. Nestle: 1964年瑞士藥劑師Henri Nestle對當時居高不下的嬰兒死亡率，研發了嬰兒營養麥片粥，Nestle是德文小鳥巢之意，其鳥巢標誌也是為祈求嬰兒死亡率的降低，經過不斷整合，擴展為世界最大的食品集團。

56. Movenpick (瑞士)

57. Ocean Spray (美國)

58. parmalat (義大利)

59. PEPSICO (美國)

60. Perrier (法國)

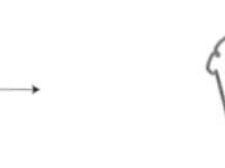

61. Post (美國)

62. Prego (美國)

63. QUAKER (美國)

64. Sara Lee (美國)

65. Schwan's (美國)

66. Smithfield (美國)

56. Movenpick: 原是瑞士的小酒館，觸角延伸到飯店、酒品等，著名的冰淇淋產品爾後賣給Nestle，中文譯名「莫凡彼」，標誌中的O字原本像是張開驚訝的大嘴巴，更新為類似水果的造形。

57. Ocean Spray: 蔓越莓果汁的最大品牌，1930年由三個麻塞諸塞州的蔓越莓農場開始了共同組織，現又納入葡萄柚果農，中文譯名「優鮮沛」，最獨特的創新是將蔓越莓做成水果乾。

58. parmalat: 1961年一個22歲的年輕人離開學校，在義大利Parma開設一家牛奶殺菌工廠，直至2003年因爆發財務虧損的大洞而破產，現今 parmalat是全新的再造公司，標誌以花朵象徵自然與多元發展。

59. pepsi: 百事可樂於1898年問世，形象不斷翻新，新標誌如張開嘴大笑，令人驚訝，而1965年Pepsi Cola 與 Frito-Lay 合併形成PepsiCo.，不斷擴展飲料與食品的事業，包括Pepsi, Tropicana, Frito-Lay, Quaker和 Gatorade等著名品牌，是美國最大的消費型食品集團。

60. Perrier: 因Louis Perrier醫生經營的泉水療法而得名，20世紀初泉水才開始以裝瓶銷售，造就非凡的氣泡礦泉水，1992年被Nestle收購。

61. Post: 1895年C.W. Post開發出名為Postum的燕麥飲品，陸續買下Jell-O, Maxwell House等，公司更名為General Foods，後來被Kraft併購，Post品牌則出售給Ralcorp Holdings。

62. Prego: Campbell Soup推出的義大利麵醬品牌，Prego在義大利文中是You're welcome.的意思，已成為美國最暢銷的義大利麵醬，中文譯名「普格」。

63. QUAKER: Quaker Oats由四家公司麥粉工廠合併而成，產品主要是早餐麥片與飲品，2001年併入PepsiCo，現今標誌捨棄Saul Bass的設計，回到1957年的Quaker（基督新教派貴格會）畫像。

64. Sara Lee: Consolidated Foods買下以製作蛋糕聞名的Kitchens of Sara Lee，公司後來更名Sara Lee，事業由食品擴展到涵蓋日用品、清潔用品、服飾等。

65. Schwan's: Schwan Food最早由 Marvin Schwan外送自己製作的冰淇淋開始，現在是以卡車來外送冷凍食品到府為其特色，發展成為大企業但仍維持私人公司，以Schwan's為主要品牌。

66. Smithfield: 1936年開始火腿肉品加工業務，以維吉尼亞州地名Smithfield為公司名稱，經多次併購成為50多個品牌的各種肉品加工集團，形象由科技感的S字樣標誌，變更為強調傳統歷史工業的字體，而巧妙處在斜體f字的安排。

67. Snapple (美國)

→

→

68. Sprite (德國)

→

→

69. Sunkist (美國)

→

→

70. Taster's Choice (美國)

→

→

71. Tropicana (美國)

→

→

72. TWININGS (英國)

→

→

73. Veryfine (美國)

→

74. Vittel (法國)

→

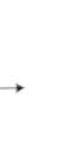
→

75. Royal Wessanen (荷蘭)

→

76. Wonder (美國)

→

→

77. Yoplait (法國)

→

→

67. Snapple: 由三個紐約州的兒時玩伴共同創立，名稱源自Snappy Apple Soda，原本以果汁著名，正全力投入健康的茶飲料市場，屬於Cadbury Schweppes北美飲料公司，現今改稱為Dr Pepper Snapple Group。

68. Sprite: 源自德國Fanta的檸檬汽水，被Coca Cola引進到美國與7-Up對抗，終於打敗7-Up取得檸檬汽水之王的寶座，新形象回歸傳統的爆炸光芒。

69. Sunkist: 南加州柑橘的合作組織，首創以品牌推廣水果，中文譯名「香吉士」，打響世界知名度，後來公司也更名為Sunkist Growers Inc.，汽水品牌標誌比較活潑，授權給Cadbury Schweppes，在臺灣授權給家鄉事業生產果汁。

70. Taster's Choice: Taster's Choice是Nestle於1966年以冷凍乾燥咖啡技術，在美國推出的品牌，但為強化Nescafe整體品牌，現今總稱Nescafe Taster's Choice，字體由穩重漸趨活潑，將慣用的金色改以紅色調為主色。

71. Tropicana: 著名的柳橙汁品牌，1947年由義大利移民Anthony T. Rossi創於佛羅理達州，研發出專利的殺菌技術，將純果汁裝瓶而不需冷藏保存，而公司經多次易主，現屬於PepsiCo集團，新標誌強化其純粹的概念而捨棄柳橙特色。

72. TWININGS: 歷史已超過三百年，是最早將茶文化引進英國的第一家茶葉店，一直也是英國皇家的茶葉供應商，但新形象將標誌上皇家的徽章都拿掉。

73. Veryfine: 美國的果汁品牌，從釀蘋果醋的工廠發跡，靠販賣機銷售而成功，目前屬於Kraft Foods，形象呈現引以為傲的蘋果。

74. Vittel: 以泉水聞名法國的東北Vosges省的小鎮名，Nestle在法國包裝此地的礦泉水，經由愛爾蘭銷售，標誌持續做小改變。

75. Royal Wessanen: Wessane en Laan公司從18世紀就開始買賣種子，20世紀時已是食品界的大公司，受荷蘭皇室封號皇家公司，現標誌以W字為造形，與上方的萌芽，反映種子的買賣歷史與對未來的期待，但卻像是個開瓶器。

76. Wonder: 北美白麵包的著名品牌，標誌源於該公司副總經理從高空的氣球得到靈感，現屬於Interstate Bakeries，但2004年宣告破產，該品牌在加拿大屬於Weston，新標誌中Wonder的傳奇氣球比較像泡泡。

77. Yoplait: 1965年由兩個合作社Yola和Coplait合併成立，組織了10萬個法國酪農，採品牌授權，美國授權給General Mills，臺灣授權給佳乳食品，稱為「優沛蕾」，形象更新後小雛菊標誌更加有活力。

歸納

- 以圖案加上字體為標誌者有62個，圖形似乎相對的重要。
- 紅色系為主要顏色有27個之多，藍色系8個，常見還有象徵健康的綠色系與綠色搭配藍色。
- 消費型食品面對消費者的口味是最難捉摸的，需要多種的口味與價位，以致食品業的集團化非常的明顯，如：Danone、PepsiCo、Nestle等等，都擁有許多的子公司與品牌。集團標誌比較中規中矩的企業信賴感，而品牌標誌朝向立體化，字體更有律動，較為通俗，如：apetito、Dr. Pepper。
- 品牌標誌的變動性非常快，通常改包裝時都一併更新，可見需隨市場的反應而迅速的調整形象，且賦予創新性，才能感動消費者。

Wine & Tabacco

Category 11

第十一類：菸草製酒業

涵蓋香菸、雪茄、嚼煙等各種菸草製品與啤酒、葡萄酒、蒸餾酒等所有含酒精的飲料，而不將酒精飲料歸於食品農糧業之中。

菸草最早由美洲印第安人發現其具有亢奮神經的效果，原因是菸草中含有稱為尼古丁的生物鹼，再由西班牙殖民將其帶回歐洲，很快地普及全世界。而相傳早在9000年前，中國就開始製酒；各種酒精飲料製品依釀造的原料來命名，有葡萄釀製的葡萄酒（Wine）、白蘭地（Brandy）、香檳（Champagne）與大麥釀製威士忌（Whisky）、啤酒（Beer）、小麥啤酒（Wheatbeer），糧食釀製的伏特加（Vodka）、白酒、米酒、黃酒等，製酒過程則大致有釀造與蒸餾兩種方法。菸草產業在上一世紀賺足了社會的資產卻留下極大的禍害，而酗酒開車、鬧事也帶來社會的困擾，因此，菸草與酒精產品都有消費年齡的限制，並做廣告上的限制，產品上都需加註吸菸或飲酒過量有害健康的警語。

1. 555 (英國)

2. Altria (美國)

3. Amstel (荷蘭)

AMSTEL

4. Asahi (日本)

5. ASTRA (德國)

6. Ballantine's (英國)

7. Bavaria (荷蘭)

8. Benson & Hedges (英國)

BENSON & HEDGES

9. big Rock (加拿大)

10. Brown-Forman (美國)

Brown-Forman Corporation

11. Budweiser (美國)

1. 555: 1895年由House of State Express發售State Express 555香菸，目前是British American Tabacco的暢銷品牌，尤其在中國與臺灣等亞洲地區，新標誌只留下球體狀的555圖形。

2. Altria: Philip Morris原是世界最大的菸草公司，透過收購Kraft及General Foods食品公司，想藉此轉移香菸公司的汙名，並將公司更名為Altria，此經營策略的調整，仍無法徹底改頭換面，最後還是將Kraft獨立出去，再回歸到菸草本業。

3. Amstel: 荷蘭著名啤酒品牌，釀酒廠以Amstel河為名稱，使用河水來冷卻啤酒，1968年被Heineken併購，配合新瓶裝更新標誌，似以Amstel為中心的星空使用長時間曝光攝影後的軌跡圖。

4. Asahi: 日本朝日麥酒源自1889年的大阪麥酒，1906年Asahi大阪麥酒、Sapporo札幌麥酒、Yebisu日本麥酒三公司結合為大日本麥酒，1949年從大日本麥酒分割設立朝日麥酒，舊標誌是海面上升起太陽，而後Asahi字體由永井一正所設計，現已超越Sapporo成為日本第二大啤酒品牌。

5. ASTRA: 德國Lager窖藏啤酒品牌，所謂Lager啤酒採用底層發酵的酵母菌，以低溫釀造且時間較長，現隸屬於Bavaria - St. Pauli，新標誌換掉獅子圖案，改以錨牢牢地放在心上，表現對Astra的鍾愛。

6. Ballantine's: 蘇格蘭威士忌（Scotch Whisky）品牌，1827年由 Ballantine家族創立，產銷混合多種單一純麥威士忌的調和威士忌，公司名稱George Ballantine & Son，由蘇格蘭政府授與貴族公司紋章，使用於包裝與瓶身貼標上，標誌則是仿手寫的字體。

7. Bavaria: 荷蘭第二大啤酒品牌，自1719年由Lauentius Moorees開始生產啤酒，1851年Moorees外孫的Swinkels家族獲得經營權，與德國Bavaria Brauerei無關，早期全大寫的舊標誌改為大小寫混合的新形象，現加入三角形盾牌與指南針圖案，以藍色為企業色彩。

8. Benson & Hedges: 1873年開始的英國香菸品牌，1955年賣給Gallaher Group，曾經獲得皇家供應商封號，但1999年後皇家以不再需求為由，已被移除，現併入日本菸草產業國際JTI。

9. big Rock: 名稱源自Okotoks鎮外的大石頭，1985年才創業的年輕啤酒公司，只做不殺菌的啤酒，目的在保存風味，標誌原是站在石頭上的公雞，新形象公雞則站在Rock字樣上。

10. Brown-Forman: 美國的製酒公司，1870年即開始行銷Old Forester品牌的波本威士忌（Kentucky Bourbon Whisky），酒品除了威士忌外還有伏特加、葡萄酒等，是全球酒業的10大公司之一，有個非常好的譯名「百富門」，標誌藉由圖與地反轉形成酒瓶與酒杯的關係。

11. Budweiser: 1876年Anheuser-Busch（簡稱A-B）推出Budweiser品牌之啤酒，中文名稱「百威」，A-B目前是世界第三大銷售量的啤酒公司，產品在臺灣由統一集團的南聯國際貿易所代理進口，標誌歷經多次更改，現確立為啤酒之王。

12. BUSCH (美國)

→

→

13. CAMEL (美國)

→

14. CAMUS (法國)

→
1863
CAMUS
COGNAC

15. Constellation (美國)

→

16. Courvoisier (法國)

→

→

17. DAB (德國)

→

→

18. Dewar's (英國)

DEWAR'S
Dewar's
→

→
Dewar's

19. DIAGEO (英國)

GUINNESSUDV
→

20. DORAL (美國)

→

21. Erdinger (德國)

→

→

ERDINGER
Weißbier

22. Finlandia Vodka (芬蘭)

→

12. BUSCH: A-B的另一個啤酒品牌，初名Busch Bavarian Beer，定位是次優的啤酒，價格比Budweiser低，中文品牌名「雪山」，因瓶身貼標上有雪山的圖樣。

13. CAMEL: 以駱駝Joe Camel為商標的香菸，混合土耳其與美國菸草，味道較溫和而不嗆，屬於美國R.J. Reynolds（簡稱RJR），煙盒上的駱駝名為Joe Camel，1987至1997年RJR更將Joe Camel化身為吉祥物，至今仍有人暱稱Camel香菸為Joe。

14. CAMUS: 法國 Camus家族生產之干邑（Cognac）品牌，創業於1863年初以La Grande Marque，所謂干邑是指法國Charente省Cognac地區所產之白蘭地，品牌後來統一為Camus中文譯為「卡慕」，而公司名稱Camus La Grande Marque，因標誌中的花朵，中文又稱為「金花干邑」。

15. Constellation: Constellation Brands源自1945年的Canandaigua Industries，產銷各式葡萄酒與啤酒，在北美銷售墨西哥著名的Corona啤酒，Constellation意義為星座，新形象以流星為標誌。

16. Courvoisier: 以拿破崙為標誌的干邑品牌，歷史可追溯到19世紀初，拿破崙一世於1811年曾造訪該酒莊，並帶走幾桶酒宴請St. Helena島的英國船艦軍官，被英軍稱為「拿破崙干邑」，酒味較辛辣、豪邁，屬於美國Jim Beam Global，後併入Fortune Brands。

17. DAB: Dortmunder Actien Brauerei縮稱DAB，創立於德國Dortmund市，初名Herberz & Co，1872年就已公開上市，現屬於德國Oetker Group，品牌標誌去掉複雜的圖案更顯現代化。

18. Dewar's: 公司名稱John Dewar & Sons，1846年開始以Dewar's品牌產銷調和威士忌，1998年併入Bacardi集團，中文品牌名稱「帝王」，有其豪氣與自信，2002年起贊助愛丁堡軍樂節，標誌除了字體另呈現蘇格蘭高地人肖像，但最新的標誌將特色設計於D字上。

19. DIAGEO: 愛爾蘭Guinness與英國Grand Metropolitan合併，形成最大酒精產品公司DIAGEO，Dia是Day而Geo是World，意涵世上每天都需消費其產品，橫跨蒸餾酒、葡萄酒及啤酒領域，主要品牌有Guinness, Johnnie Walker, Smirnoff等。

20. DORAL: Doral & Company於1969年推出的香菸品牌，採取好品質又省錢的定位，只行銷美國本地，現屬於RJR，標誌圖案由皇冠變成兩個鏡射的立體D字。

21. Erdinger: 1886年成立於德國Erding市，1949年正式更名Erdinger Weißbräu，全球最大的 Weißbräu（小麥啤酒）公司，小麥啤酒顧名思義由小麥芽釀製，以上層發酵的酵母釀製，顏色較淡俗稱白啤酒。

22. Finlandia Vodka: 芬蘭的伏特加品牌，伏特加是蒸餾的糧食白酒，經活性炭處理，除去殘餘的雜色與糧食味道，所以無色無味，大受調製雞尾酒的歡迎，酒瓶由雕塑家Tapio Wirkkala設計，由芬蘭國營Altia生產，而品牌屬於Brown-Forman。

23. Foster's (澳洲)

→

→

24. Gauloises (法國)

→

→

25. GITANES (法國)

→

→

26. GLENLIVET (英國)

→

→

27. GUINNESS (愛爾蘭)

→

→

28. Heineken (荷蘭)

→

→

29. Hennessy (法國)

→

→

30. HOLSTEN (德國)

→

31. InBev (AB InBev) (比利時)

→

→

32. Imperial Tobacco (英國)

→

→

33. Johnnie Walker (英國)

→

→

23. Foster's: 1886年由美國Foster兩兄弟在澳洲墨爾本所創立，Foster's啤酒轉手到CUB再到Elders旗下，Elders Brewing集團於2001年更名為Foster's集團，新形象不再使用原Foster's 啤酒的品牌標誌，改為三個幾何形的彩色的酒杯。

24. Gauloises: 法國的香菸品牌，Gauloises意義為高盧人，因而對法國人而言抽這一品牌的香菸比較愛國，由Altadis產製，由於只用來自敘利亞與土耳其菸草，煙味較重，標誌是源自Astérix le Gaulois漫畫裡高盧英雄戴著有對翅膀的帽子。

25. GITANES: Altadis產製的另一法國香菸品牌 Gitanes意義為吉普賽女郎，傳統的Gitanes Brunes煙味較濃，Gitanes Blondes似美國香菸較溫和，標誌是表演鈴鼓的吉普賽女郎，新形象已拿掉煙霧瀰漫的線條。

26. GLENLIVET: 蘇格蘭單一純麥威士忌品牌，19世紀初Glenlivet地區原本私釀嚴重，1823年經議會通過George Smith的釀酒廠成為該地區唯一合法的釀酒廠，所以稱為The Glenlivet（唯一格蘭利威），現屬於法國的Pernod Ricard。

27. GUINNESS: Arthur Guinness於1755年開始釀造Ale啤酒，1801年改釀出稱為 Porter黑啤酒，以烘培的麥來釀造的啤酒，顏色深有焦味，發源自18世紀初倫敦的技術，1876年註冊朝右的豎琴標誌，因為朝左方的豎琴是愛爾蘭的皇家臂章標誌，這豎琴目前保存於Trinity學院，是紀念愛爾蘭王Brian Boru為名的豎琴。

28. Heineken: 1863年Gerard A. Heineken買下一座啤酒廠開始釀造理想的啤酒，以七週長時間與專利的A酵母菌發酵技術，釀出優質的Pilsener（淡黃色啤酒），受到國際的喜愛，中文品牌譯為「海尼根」，而大陸則稱為「喜力」。

29. Hennessy: 由法王的雇傭兵Richard Hennessy於1757年在Cognac買賣酒品開始，1971年Hennessy與香檳公司 Moët & Chandon合併，再與Louis Vuitton合併成為LVMH，Hennessy中文譯名「軒尼詩」，圖案標誌是Richard所到的英勇證書。

30. HOLSTEN: 1879年創業於德意志帝國時代的Altona（原屬於丹麥語Holsten公國），已併入今日德國Hamburg，釀造Pilsener啤酒，公司名為Holsten是以Holsten族為名，並以Holsten騎士為標誌，騎士是Schauenburg王朝John III的伯爵紋章，現品牌屬於丹麥的Calsberg。

31. InBev: 比利時Artois和 Piedboeuf合併為Interbrew，巴西Brahma和Antarctica合併為Ambev，Interbrew和Ambev再合併而形成InBev，主要有Stella Artois, Beck's, Löwenbräu, Leffe等品牌啤酒，InBev以併購策略持續壯大，與Anheuser-Busch再合併成A-B InBev，為世界最大啤酒公司。

32. Imperial Tobacco: 為抗衡美國菸草公司，1901年W.D.& H.O. Wills、John Player等13家公司結合為Imperial Tobacco，1902年又和美國菸草公司合資成立British-American Tobacco，而Imperial Tobacco買下Altadis後將成為全球第四大煙業，現屬於Hanson plc。

33. Johnnie Walker: John Walker於1865年開始以Walker's Kilmarnock為品牌銷售調和威士忌，今日已是銷售世界各國最廣泛的蘇格蘭威士忌，中文譯為「約翰走路」或「尊尼獲加」，標誌原本是一個邁步的英國紳士，為使品牌更為國際化，便把原來具象的手繪圖畫變成一個抽象圖案，slogan則是"Keep Walking"，與J&B都屬於DIAGEO。

34. Japan Tobacco (日本)

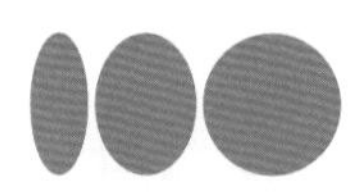

35. Kaiser (奧地利)

36. Kent (美國)

37. KIRIN (日本)

38. Kronenbourg 1664 (法國)

39. Labatt (加拿大)

40. Konig Pilsener (德國)

41. Krombacher (德國)

42. Lion Nathan (澳洲)

43. Leffe (比利時)

44. Lowenbrau (德國)

34. Japan Tobacco: 簡稱JT，溯源自1898年，1949年成為日本專賣公社，1985公司民營化改稱日本たばこ產業，主要品牌有Mild Seven、Seven Star、Camel（僅美國境外）等，JT積極擴展國際業務成立JTI，又大手筆買下英國Gallaher集團。

35. Kaiser: 奧地利生啤酒品牌，從1475年Kalte Bräuhaus起源，1998年組成Brau Union Österrrich，還有Edelweiss品牌，現屬於Heineken 與巴西的同名Kaiser啤酒無關。

36. Kent: 1952年第一個推出香菸濾嘴的品牌，中文譯為「肯特」或「健牌」，品牌所有權現屬於BAT，以往標誌中的金色城堡已不復見，新形象字體呈現與其香菸柔和順口的特色。

37. KIRIN: 源自1869年William Copeland的啤酒廠，1885年成立日本麥酒，1888年開始以麒麟為商標銷售啤酒，1907年成立麒麟麥酒株式會社，公司為何以麒麟為標誌一說是麒麟是聖獸，另一說則是Copeland的親友名「カリン」與キリン相近。

38. Kronenbourg 1664: 源於法國Alsace省1664年創立的Canon Brewery，1850年遷移至Cronenbourg，1922年才以Kronenbourg為公司名，現屬於英國Scottish & Newcastle。

39. Labatt: 1847年由John Kinder Labatt創立於加拿大安大略省London市，發展成加拿大最大啤酒公司，著名暢銷啤酒暱稱為Labatt Blue，1991年被InBev買下。

40. Konig Pilsener: 德國Konig Brauerei的啤酒品牌，1858年 Konig創立於Duisburg，Dusseldorf行政區的一個非縣轄的城市，擁有全球最大的內陸港，Konig是德文的King，標誌由象徵港口的錨與皇冠的組合變為只留存皇冠。

41. Krombacher: 1803年Schadeberg家族創立於德國Krombach，位於Rothaargebirge山腳下，屬於Arnesberg行政區，而這裡正是釀酒所用泉水的產地，生產出口味圓滑香甜的Pilsener啤酒。

42. Lion Nathan: 1988年由紐西蘭Lion Breweries與LD Nathan合併而成，1990年變更成為澳洲公司，現在其46%股權是被日本麒麟麥酒所控制。

43. Leffe: 比利時Leffe聖母院（Notre Dame de Leffe）建立於1152年，院裡的白衣修士會釀造Ale啤酒就是所謂的修道院啤酒，1952年由Leffe聖母院授權給商業製酒公司Interbrew釀造修道院啤酒，這類啤酒尚有Heineken的Affligem等。

44. Löwenbräu: 意為lion's brew，1383年就開始於München的The Lion's Inn釀造啤酒，自1810年起為慕尼黑啤酒節所准許供應的六種啤酒之一，2004年賣給InBev。

45. MALIBU (巴貝多、英國)

→

→

46. Marlboro (美國)

→

→

47. MARTELL (法國)

→

→

48. Michelob (美國)

→

→

49. MILD SEVEN (日本)

→

50. MOET & CHANDON (法國)

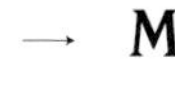
→

51. Molson Coors (美國)

→

→

→

52. SAB MILLER (英國)

→

53. Pernod Ricard (法國)

→

54. Remy Martin (法國)

→

→

45. MALIBU: 加勒比海島國巴貝多的蘭姆酒品牌，是由椰子製造的蒸餾酒，有別於使用甘蔗製造的蘭姆酒，雖在巴貝多生產卻在蘇格蘭裝瓶，標誌顯示椰子樹與島嶼太陽。著名蘭姆酒品牌還有Bacardi與Coruba。

46. Marlboro: 1902年Philip Morris在美國紐約成立分公司時，只是一家小菸廠，銷售包括Marlboro等品牌，1983年成為美國最大的煙業公司，100週年慶時公司更名Altria Group。Marlboro名稱源自Philip Morris倫敦工廠所在的街名Great Marlborough，原口號"As Mild as May"（溫柔如梅小姐），定位為女性香菸，但是銷售不佳，後來改為粗獷的西部鄉村之男性定位，才成為暢銷香菸品牌。

47. MARTELL: 著名干邑白蘭地品牌，1715年由Jean Martell創立，1988年賣給加拿大Seagram，再併入Pernod Ricard，1912年推出藍帶干邑（Cordon Bleu Cognac），以容易入口而馳名，標誌中即呈現藍帶。

48. Michelob: A-B的啤酒品牌，起初定位為行家的生啤酒，啤酒以桶裝出售且不經殺菌，目前的產品都較為獨特，如黑啤酒、低卡啤酒、低醣啤酒等，標誌的特點在紅色彩帶。

49. MILD SEVEN: JT的香菸品牌，是Seven Star的姊妹品牌，自1977年推出後即大受歡迎，已是全球第二大暢銷品牌，舊標誌還有星星，但新標誌以S字做圖案設計。

50. Moët & Chandon: 香檳氣泡酒（Champagne）的領導品牌，Claude Moët 於1743年成立於法國香檳區，當時法王路易十五以其為皇室的宴客酒，1832年 Moët將女婿的姓氏Chandon加入公司名稱中，至今仍是英國女皇的御用供應商。

51. Molson Coors: 2005年加拿大的Molson與美國Coors合併成為Molson Coors，Molson創立於1786年，是北美最老的啤酒公司，而Coors創立於1873年，標誌聯合兩個公司的文字標章與象徵世界的地球，似乎有點老套。

52. SAB MILLER: 全名South African Breweries的SAB原成立於南非，1999年公司股票到英國上市籌資，合併美國Miller，成為世界第二大的啤酒公司SAB Miller，又在美國與Molson Coors合資成立Miller Coors，和A-B競爭。

53. Pernod Ricard: 兩大法國茴香酒品牌Pernod 與 Ricard 於1975年合併成為Pernod Ricard，買下英國Allied Domecq後，躍居世界第二大的酒品集團，主要威士忌品牌有Ballantine's、Chivas Regal與The Glenlivet。

54. Rémy Martin: 著名干邑白蘭地品牌，1724年由葡萄農Rémy Martin所創立，只用來自大小香檳區的葡萄釀製，產銷優質的Champagne Cognac，標誌為希臘神話的人頭馬射手，中文品牌就直接稱為「人頭馬」，現屬於Rémy Cointreau集團。

55. Reynolds American (美國)

→

56. San Miguel (西班牙)

→

57. Sanwald (德國)

→

58. SAPPORO (日本)

→

SAPPORO
→

59. SMIRNOFF (英國)

→

→

60. Staropramen (捷克)

→

61. Suntory (日本)

→

→
SUNTORY

62. Tetley's (英國)

TETLEY'S →

→

63. VELTINS (德國)

→

64. VICEROY (美國)

→

→

65. Winston (美國)

→
Winston
→

55. Reynolds American: 2004年R.J. Reynolds與BAT的美國事業Brown & Williamson合併為Reynolds American，總部位於北卡羅萊納的Winston-Salem，該地名也是Winston和Salem兩大品牌名稱的由來。

56. San Miguel: 西班牙的主要啤酒品牌，1953年從菲律賓同名的San Miguel啤酒分離出來在西班牙成立La Segarra，1957年也更名為San Miguel，2000年被Mahou併購成為Mahou-San Miguel公司的品牌。

57. Sanwald: 1903年由David Sanwald創立於Stuttgart，起初名為Stuttgarter Weißbier-Brauerei（小麥啤酒釀造），1977年更名為Brauerei Sanwald，旗下產品SanwaldBluey則是加了40%可樂的新奇啤酒。

58. SAPPORO: 1876年設立北海道開拓使麥酒釀造所，1887年成立札幌麥酒株式會社，1906年札幌麥酒被併入大日本麥酒，到1964年才正式名為Sapporo Breweries，而現在的公司則是2003年Sapporo控股成立時所分割出來，集團不斷擴展飲料與不動產事業，標誌是北海道開拓使北辰旗中的北極星。

59. SMIRNOFF: 1860年代Piotr Smirnov於莫斯科創立伏特加蒸餾廠，爾後搬到波蘭Lwow（現在的烏克蘭Lviv），1924年以法文發音Smirnoff為品牌銷售到法國，現在屬於英國的Diageo。

60. Staropramen: 品牌意義為old spring，1869年創立於捷克布拉格，屬於InBev，在英國通常簡稱為Star，標誌紅彩帶中的Ochranná známka是捷克語的trademark。

61. Suntory: 追溯自1899年創業的鳥井商店，1907年開始銷售名為赤玉的甜葡萄酒，1963年公司名稱Suntory，即結合赤玉葡萄酒的太陽Sun和鳥井Torii，「響」字標誌源自公司理念：人與自然的共鳴，由五十嵐威暢依據原獅子徽章設計，2004年再更新形象，彰顯「生命的水Suntory」的企業訊息，新標誌字體也改為水藍色。

62. Tetley's: 1822年Joshua Tetley創立於英格蘭，所生產的啤酒是英式Ale啤酒，有啤酒花的獨特苦味，主要賣給酒館（Pub），1892年才上市瓶裝啤酒，1988年併入Carlsberg，現今公司已更名Carlsberg UK，由於Tetley's是英式橄欖球（Rugby）的贊助者，故其標誌曾經結合了橄欖球的形狀，新形象則回復舊有的打獵者圖案。

63. VELTINS: 1852年Clemens Veltins買下設於德國Hochsauerlandkreis縣Meschede小鎮的The small guesthouse釀酒廠，1893年公司新名稱Brauerei C.&A. Veltins，以製造Pilsener啤酒聞名。

64. VICEROY: 原是Brown & Williamson香菸品牌，是全球最早使用軟木濾嘴的香菸，目前品牌逐漸式微，中文名稱譯為「總督」，標誌由盾牌變為V字的打勾符號。

65. Winston: 1954年R.J. Reynolds推出的香菸品牌，至今仍是暢銷品牌，近來宣傳其香菸不會使人上癮，但不表示香菸是安全的，標誌已拿掉老鷹，改用單純字體圖形。

歸納

- 單純使用文字標準字體為標誌者僅有11個，而以圖案加上字體有54個。
- 多以混合顏色表現，常加入金色。
- 煙品被超大煙商如Altria、BAT、JT等壟斷，擁有眾多品牌；啤酒雖有A-B InBev、SAB Miller等大公司，但另有著名釀酒廠百家爭鳴、各有獨特風味。
- 世界各國都倡導禁煙，加重課税，甚至立法迫使煙品公司廣告都不見了。而經證實煙酒都會致癌，更讓煙酒的形象愈來愈差，全球營銷已沒有以往的成長，明智的做法是適度的轉型。

Fashion

Category

12

第十二類：服裝飾品業

俗諺說：「佛要金裝、人要衣裝。」，顯見衣服的重要性。人除了要有衣服可以蔽體之外，不同的場合更需不同的衣服，接待賓客如果穿著睡衣，就很失禮。而搭配的裝飾也是學問，有時需考慮質料的整體性，有時還得講究配色，不是隨意往身上堆掛。而所謂流行時尚狹義的是指服裝飾品，廣義而言則包含各種產品、化妝、美髮、美食、藝文，甚至社會、經濟、政治的所有新潮流。

服裝涵蓋從頭上戴的帽子到腳上穿的襪子，從內到外涵蓋所有高級訂製服與成衣，飾品則有皮包、皮件、鞋子、太陽眼鏡等。

1. Etienne Aigner（德國）

→ Etienne Aigner → ETIENNE AIGNER

2. Anne Klein（美國）

ANNE KLEIN → ANNE KLEIN NEW YORK

3. Alain Delon（瑞士）

→ ALAIN DELON

4. Arrow（美國）

→

→

5. Austin Reed（英國）

→ Austin Reed →

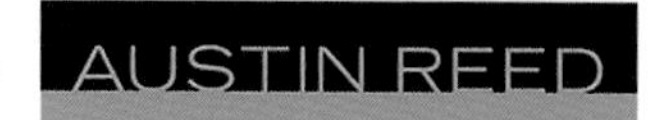

6. AVIREX（美國）

→

→ AVIREX Avirex

7. Balenciaga（法國）

→ BALENCIAGA

8. Banana Republic（美國）

→

→ BANANA REPUBLIC

9. barbara（法國）

→

→

10. benetton（義大利）

benetton → UNITED COLORS OF BENETTON. → UNITED COLORS OF BENETTON.

11. Bill Blass（美國）

→

→

1. Etienne Aigner: 匈牙利人Etienne Aigner以創作皮件而聞名，1965年在德國創立Aigner品牌，其標誌形似一個馬蹄，傳說「馬蹄」是祈求幸運最有效的秘方，所以當時許多文人與士紳都會在口袋中放一塊馬蹄；而Aigner在馬蹄型中加入一條橫槓，除代表他姓氏的第一個字母A，亦表示幸運不流失與永遠領先的意涵。Etienne Aigner是德國Aigner在美國的品牌。

2. Anne Klein: 美國服裝設計師的同名品牌，1968年創立於紐約，以運動休閒服飾起家，其混搭與簡約風格成為時尚女裝的代表，但Anne Klein早逝，公司賣給Jones Apparel，旗下還有Energie、Nine West等品牌。

3. Alain Delon: 法國影星的同名品牌，1978年設於瑞士，並推出香水，產品除服飾外還有文具、寢具、香檳等，由Alain Delon International Distribution負責授權。

4. Arrow: 創業自1851年的美國品牌，紳士聚會時一定要穿襯衫，但是襯衫只有領口容易髒，於是發明各種可拆式領子的襯衫，更設計出各式各樣的領子，該品牌襯衫以優質而平價行銷全球，中文譯名「雅樂」或「箭牌」。

5. Austin Reed: 與創辦人同名的英國男裝品牌，創立於1900年，初期只是銷售襯衫及配件的小商店，1926年在Regent街上開設大型的服飾公司，強調上流社會的傳統與考究作工，融合時尚剪裁，現屬於法國Darius Capital Partners。

6. AVIREX: 由飛機駕駛Jeff Clyman創立於1975年，生產空軍飛行夾克，同時還有另一個品牌Cockpit，但現今Avirex在美國、歐洲與日本三個區域各有負責產銷的公司，標誌也有所不同。

7. Balenciaga: 西班牙藝術家Cristóbal Balenciaga於1914年創立的服裝品牌，1937於法國巴黎開設高級訂製時裝店（haute couture），被Christian Dior喻為所有服裝設計師中的大師，現屬於GUCCI（PPR集團）。

8. Banana Republic: 1969年開始的美國服裝品牌，以打獵和旅遊風為主題，由最初的標誌可見端倪，而1983年納入GAP後，將之重新定位為中高價的服裝。

9. Barbara: Marcel Bena在巴黎附近的小鎮開始製造手織紗緊身衣，1939年以Barbara為品牌的內衣正式問市，為女性塑造如維納斯般的高貴而神祕之美，現今已被Huit接手。

10. benetton: 1965年由 Benetton家族創立，銷售彩色的針織毛衣，1968年以Benetton為品牌開了第一家店，後來非正式服飾品牌改為United Colors of Benetton，集團品牌還有時尚服裝Sisley與運動休閒服Playlife等。

11. Bill Blass: William R. Blass於17歲進Parsons School of Design學服裝設計，1946年開始設計生涯，1970年買下Maurice Rentner更名為Bill Blass，他的服裝特色在選用布料與圖案並加以如雕塑建築的剪裁，但是離開伸展台還可以實際穿著的樣式，現屬於NexCen Brands。

12. BURBERRY (英國)

→

→ BURBERRY

13. CARVEN (法國)

→ CARVEN

14. byblos (義大利)

→ byblos

15. cacharel (法國)

→ cacharel

16. CERRUTI 1881 (義大利)

→ CERRUTI 1881

17. Charles Jourdan (法國)

→ CHARLES JOURDAN

18. Chloé (法國)

→ Chloé

19. COACH (美國)

→

→

20. Diesel (義大利)

→

21. Dior (法國)

→

22. DOCKERS (美國)

DOCKERS

→

→

12. BURBERRY: 1856年由Thomas Burberry創立，1880年發明Gabardine斜紋防水布料，1924年著名的Burberry格紋圖案首次被運用到大衣上，公司獨立到1955年被Great Universal Stores買下，現在又獨立出來，成為品質、時尚與經典的奢華象徵。

13. CARVEN: 1945年Madame Carven在巴黎香榭大道開設訂製時裝店，為滿足矮小的女性，以拉高身長的腰身設計，60年代為許多航空公司設計制服，透過授權品牌獲得高知名度，1998年賣給香水公司Daniel Harlant。

14. byblos: 創立於1973年的義大利服裝品牌，一開始有Gianni Versace、Guy Paulin等人的才華，爾後加入繼任的兩位英國設計師的創意，打造流行而活力的年輕男女形象，現屬於Swinger International。

15. cacharel: 1962年Jean Bousquet以Cacharel小水鴨名字為公司與品牌名，將風格定位為洋溢法式少女情懷的甜蜜，但後來香水事業反而更勝過其服裝。

16. CERRUTI 1881: 因1881年Nino Cerruti的祖父設立紡布廠於義大利的Biella，於1957年家族第三代Nino Cerruti推出了CERRUTI 1881男裝品牌，公司還有授權商品如手錶、香水等。

17. Charles Jourdan: 1919年Charles Jourdan開設一家製鞋店於法國南部的Romans，1957年於巴黎設立服飾店，事業重心由設計轉向零售而導致破產，現屬於比利時 Lux Diversity，品牌標誌去掉複雜的圖案更顯現代化，YGM貿易獲得Charles Jourdan品牌在大中華地區的代理經銷權。

18. Chloé: 公司由Gaby Aghion創立，但借用朋友的名字Chloé為品牌，首創由高級的服飾店製造成衣（Ready-to-wear），獲得熱烈的迴響，著名設計師Karl Lagerfeld曾加入達18年，1985年併入Richemont集團，更邁向世界級大品牌。

19. COACH: 原是1941年一家手提包的大盤商因看到棒球手套的做工與柔軟而得到啟發，1960年開始以Coach為品牌生產手提包、皮件、服裝、眼鏡…等，儼然是高級皮件的美國代表品牌，標誌的馬車與Hermés有些類似。

20. Diesel: 義大利設計師Renzo Rosso於1978年出的服飾品牌，Diesel意含動力與特立獨行，以單寧布（Denim）為設計重心，近年更趨向年輕人的市場。

21. Dior: Christian Dior原本想成為建築師，後來開設畫廊，再進入時裝界，1945年在Marcel Boussac的資助下開設自己的服裝店，1957年逝世時才52歲，由21歲的Yves Saint-Laurent挽救了Dior公司，現屬於LVMH集團。

22. DOCKERS: Levi Strauss於1986年推出的卡其布（khakis）服飾品牌，帶動商務人士休閒風格的穿著，原船錨的標誌，一度更改為"Dockers San Francisco"識別，並擴大其產品線，沒多久船錨標誌又被復用。

23. DKNY(Donna Karan New York) (美國)

→

24. Ecko Unltd. (美國)

→

25. Eddie Bauer (美國)

→

26. EDWIN (日本)

→

27. emanuel ungaro (法國)

→ emanuel ungaro → emanuel ungaro

28. ESCADA (德國)

→

→

29. Fruit of the Loom (美國)

→ FRUIT OF THE LOOM →

30. GAS (義大利)

→

31. GENNY (義大利)

→

32. GIANNI VERSACE (義大利)

→ GIANNI VERSACE →

33. GIVENCHY (法國)

→ GIVENCHY PARIS → GIVENCHY

23. DKNY: 被喻為紐約第七街女王Donna Karan於1984年創立同名公司，1989年延伸出副品牌DKNY，受到廣泛的歡迎，2001年被LVMH集團收購。

24. Ecko Unltd.: 美國嘻哈潮流的服飾品牌1993年由Marco Ecko創立，融合美國西部牛仔的狂野與街頭流行文化的隨興，以犀牛為標誌，象徵不斷向前，而旗下品牌也不斷擴增。

25. Eddie Bauer: 1920年由 Eddie Bauer開設運動品公司，後來發明抗寒的羽絨衣，供應羽絨衣給美國空軍，再轉進休閒服飾，現公司名稱Eddie Bauer Holdings，主要股份屬於德國Commerzbank。

26. EDWIN: 日系牛仔褲品牌，1957年Tunemi開始進口中古牛仔褲，1961年正式以EDWIN為品牌銷售牛仔褲，源自DENIM的逆向創意字，以新織法並營造中古感覺的牛仔褲而聞名，再推出專為女性量身訂做的Something副品牌。

27. emanuel ungaro: 義大利移民於1965年受到瑞士藝術家Sonja Knapp的協助，在巴黎開設同名的訂製服裝店，以經典的波爾卡圓點、斑馬條紋、蘇格蘭方塊和艷麗花朵的自由組合而著稱，2005年品牌賣給美國科技大亨Asim Abdullah。

28. ESCADA: Margaretha和Wolfgang Ley夫妻相識於葡萄牙，因押賭一匹名為ESCADA的賽馬，1976年開始服裝事業，三年後推出ESCADA服飾品牌，而身為模特兒的Margaretha對服裝有新穎的創意與靈敏度，迅速風靡全球。2009年因破產已被印度Mittal家族併購。

29. Fruit of the Loom: 1851公司創辦人Robert Knight到經銷該公司布疋的友人家裡，發現友人的女兒在某些布疋上畫了水果圖案，而這些有水果圖案的布比較受歡迎，於是靈機一動，將品牌名訂為Fruit of the Loom，爾後主要生產內衣，知名品牌B.V.D.，但因保守而失去市場，1985年母公司被收購改稱Farley Industries，而Berkshire Hathaway看中Fruit of the Loom的品牌價值而將其買下。

30. GAS: 義大利文Grotto Abbigliamento Sportivo的縮寫，創辦人Claudio Grotto 在七十年代初開始經營時裝，1986年成立Grotto S.p.A.，推出GAS品牌，標誌是兩道交會的彩虹，據說這是Grotto在南非開普敦一次暴風雨後所看到的奇特景象。

31. Genny: Arnaldo Girombelli於1960年代開始服裝事業，而Donatella Ronchi很早就進入Girombelli的公司當助理設計師，後來與Arnaldo結婚，Genny是兩人於1961年以第一個小孩的名字所創立的品牌。被PRADA買下後，已銷聲匿跡。

32. VERSACE: Gianni Versace於1978年時創設家族集團品牌，開始了他短暫卻絢爛的設計師生涯，並用他的才華打造出Versace 帝國，以希臘神話裡「蛇髮女妖Medusa」作為象徵符號，而服飾上的鮮豔色彩，靈感則是來自於希臘、埃及、印度等古文明。

33. GIVENCHY: Hubert de Givenchy進入高等美術學校（École des Beaux-Arts）學習，於1952年開設The House of Givency，Givenchy的4G標誌代表其品牌精神：文雅Gentle、優美Grace、愉快Gaiety與Givenchy，中文名「紀梵希」，現屬於LVMH集團。

34. GUCCI (法國)

→ GUCCI

35. GUESS (美國)

GUESS → GUESS

36. Guy Laroche (法國、香港)

Guy Laroche Paris → Guy Laroche PARIS

37. Hanae Mori (日本)

→ HANAE MORI PARIS →

38. Hanes (美國)

→

→

39. Hang Ten (百慕達)

→

→

40. HERMÈS (法國)

→

41. Hiroko Koshino (日本)

HiROKO KOSHiNO → HIROKO KOSHINO

42. ICEBERG (義大利)

ICEBERG → ICEBERG → ICEBERG

43. Issey Miyake (日本)

→ ISSEY MIYAKE → ISSEY MIYAKE

44. Jaeger (英國)

JAEGER → JAEGER

34. GUCCI: The House of Gucci由Guccio Gucci創設自1906年，銷售馬術皮件給馬主，1938年事業從佛羅倫斯延伸到羅馬，60年代設計了雙G標誌，象徵頂級奢華，現屬於PPR集團。

35. GUESS: Marciano四兄弟從法國南部移民來到美國加州，公司於1981年創立，生產單寧牛仔褲，資助資金來自Jordache的Nakash家族，但當時牛仔褲已不流行，商店不願意訂貨，直到Bloomindale's訂了兩打後才開啟了Guess的牛仔褲時代，廣告以性感取勝。

36. Guy Laroche: 1949年Guy Laroche開始帽子的設計生涯，1957年建立同名品牌訂製服飾店，逐漸擴展成衣事業，亦進入香水市場，2004年被香港YGM集團收購。

37. Hanae Mori: 森英惠生在島根縣的蝴蝶之鄉六日市町，1951年開設訂製服裝店，成為第一位進入高級定製服協會的日本人，作品從蝴蝶得到設計啟發，有強烈民族特色，2002年因負債而破產，由三井物產繼續其成衣品牌。

38. Hanes: 源於1901年，以做褲襪起家，1965年成立Hanes公司，1979年被Sara Lee的前身Consolidated Foods併購，2006年公司才再以HanesBrands為名分離獨立，還有Champion、Playtex、L'eggs等品牌。

39. Hang Ten: 意旨雙腳十趾抓緊衝浪板，1959年由美國衝浪手Duke Boyd創立的衝浪服飾品牌，卻在百慕達註冊，在香港上市，儘管商標演進但這一雙腳丫圖案仍保持不變。

40. HERMÈS: 1837年由Thierry HERMÈS在巴黎經營馬具店，標誌是馬車夫正在一輛維多利亞式的雙座馬車前等待他的主人，意味沒有人的馬車是產品，如何使用產品全由顧客自己做主，中文譯名「愛馬仕」，現有皮革品、香水與鐘錶三大事業。

41. Hiroko Koshino: 小篠弘子生於大阪，畢業於文化服裝學院，1964年開設同名品牌訂製服裝店，其作品受家族和服店的影響深遠。母親小篠綾子年輕守寡，靠著自己的裁縫店，獨自撫養三個女兒長大，直至七十歲時，突然夢想當服裝設計師，而築夢於學習、工作與經營之中。辛苦帶來成果，綾子終於成為日本知名的服裝設計師，也培養了三個女兒弘子、順子、美智子，個個都成為活躍於國際舞台的服裝設計師。

42. ICEBERG: 義大利的一線服飾品牌，1962年由Giuliana Marchini與其丈夫Silvano Gerani設立Gilmar Group，1974年以ICEBERG（冰山）為品牌，與其冷酷的設計風格相稱。

43. Issey Miyake: 三宅一生1964年畢業於多摩美術大學圖案科，在學期間就多次獲得服裝設計獎，1970年開設事務所，作品前衛揉和東西文化，善用縐褶形成立體感，於是再創建第二品牌PLEATS PLEASE（給我縐褶）。

44. Jaeger: 受到德國Dr. Gustav Jäger（英文Jaeger）倡導穿動物纖維比穿植物纖維更健康的理論啟發，1884年Lewis Tomalin以Jaeger為品牌開設一家羊毛的服裝店，1967年被Coats Patons收購，由於品牌的老舊，90年代重新定位為年輕而奢華，現在由Harold Tillman取得所有權。

45. JOCKEY (美國)

→

46. JORDACHE (美國)

JORDACHE → JORDACHE →

47. Kenneth Cole (美國)

Kenneth Cole NEW YORK → KENNETH COLE new york → Kenneth Cole

48. Kellwood (美國)

Kellwood →

49. KARL LAGERFELD (德國)

LAGERFELD → KARL LAGERFELD

50. LANVIN (法國)

→ LANVIN PARIS

51. Lee (美國)

Lee → Lee →

52. lejaby (法國)

lejaby → lejaby

53. Liz Claiborne (美國)

liz claiborne → liz claiborne → LIZ claiborne

54. LOEWE (法國)

→ LOEWE → LOEWE MADRID 1846

55. Louis Vuitton (法國)

→ Louis Vuitton → LOUIS VUITTON

45. JOCKEY: 1876年一位名為Samuel T. Cooper的退休牧師，發現當時的伐木工人穿著劣質纖維毛襪而受苦，甚至引起水泡及發炎，即下決心投入織襪事業，1934年又開發出男性三角內褲（Brief），這種Jock Brief 提供生殖器的支撐，改變穿著習慣，1972年 Coopers公司改名為JOCKEY International，公司與賽馬無關。

46. JORDACHE: 1978年銷售牛仔褲的Nakash三兄弟成立了製造公司，因觀察到流行於歐洲的牛仔褲緊身而性感，於是把經驗帶回美國並大做性感廣告，影片中穿著牛仔褲的上空女郎騎馬而乘風破浪，後來就以馬為標誌，道盡了男生都寧願成為那一隻馬的心聲。

47. Kenneth Cole: 1982年 Kenneth Cole以賣鞋起家，為創造話題，他向朋友借了一只40尺貨櫃，裝滿鞋子，並以開拍紀錄片為由，將貨櫃車開到曼哈頓市中心，噱頭當然是以賣鞋為主，拍片只是幌子。除了鞋子出名外，服裝饒富紐約的洗鍊、現代。

48. Kellwood: 1961年15家Sears的供應商聯合成立 Kellwood，經不斷的併購，已成為主要服飾行銷公司，擁有Calvin Klein部分產品線的品牌，標誌為幾何K字，2008年被Sun Capital Securities併購。

49. KARL LAGERFELD: 他自己宣稱1938年出生於德國，但據稱實際是1933年，如此的話，他是20歲才移居法國，22歲以大衣設計贏得國際羊毛事務局的比賽，不管年齡為何，都掩蓋不了這位時尚教父的才華，曾為Chloé、Chanel、 Fendi等工作，爾後創立Lagerfeld Gallery品牌與Tommy Hilfiger合作，現品牌名Karl Lagerfeld。

50. LANVIN: Jeanne Lanvin在16歲時就學習製帽，然後學裁縫，1898年開設自己的工作坊，Jeanne Lanvin為她的女兒馬格莉特做了漂亮的童裝，立即被當時的有錢女士要求為自己的女兒複製同樣的衣服，接著也開始為女士訂做服裝，標誌是一對母女的圖案，2001年由王效蘭的投資公司所買下。

51. Lee: 1889年Henry David Lee設立Lee雜貨商業公司，有感於工作服的品質粗糙，於1911年製造第一件牛仔工作服名為Lee Bib Overall，1926年再開發第一件有拉鍊的牛仔褲，1969年併入歷史悠久的大型服飾公司VF Corp.。

52. lejaby: 由名為Gaby的女孩為周遭朋友縫製內衣開始，1930年Gaby的姊夫將商品訂名lejaby，成為法國第一家精品內衣品牌，其夢幻華麗可與時裝媲美，現屬於美國Warnaco。

53. Liz Claiborne: 比利時出生的Liz Claiborne移居美國，回到歐洲學藝術，再回美國做服裝設計師25年，不甘在他人公司受盡挫折，於1976年成立同名公司，迅速成長，1981年股票即公開上市，主要品牌還有Mexx。

54. LOEWE: 1846年由西班牙皮革工藝師創立工坊，於1876年德國人Enrique Loewe Roessberg加入合夥，創立Loewe品牌，是西班牙皇室指定的供應商，產品兼具傳統精湛工藝與靈活創意表現，已被LVMH收購。

55. Louis Vuitton: 1854年在巴黎開了以自己名字命名的第一間皮箱店，其中一款名為「Trianon」的灰色行李箱，受到法國拿破崙三世的妻子歐仁妮皇后的青睞，1987年LVMH集團成立，皮包上單色圖案（Monogram）與棕色帆布成為LV的象徵，2003年與村上隆合作將圖案彩色化，並不畏懼改變。

56. Longchamp (法國)

→

57. Maidenform (美國)

→

→

58. Manhattan (美國)

→
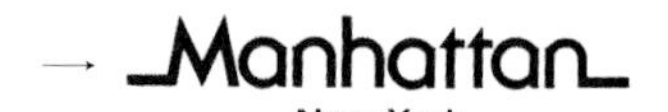

→

59. mavi jeans (土耳其)

→

60. Montagut (法國)

→

→

61. NAF NAF (法國)

→

→

62. Nautica (美國)

→

63. Oakley (美國)

→

→

64. Perry Ellis (美國)

P E R R Y E L L I S → PERRY ELLIS

65. pierre cardin (法國)

→

→

66. Playtex (美國)

→

56. Longchamp: 1948年Jean Cassegrain雇用工匠製作煙斗皮套，並為品牌想到一個好名字Longchamp長勝，而標誌是賽馬，1979年進軍世界版圖，以輕量的旅行皮件聞名。

57. Maidenform: Enid Bissett和Ida Rosenthal在1911年開了裁縫店，為使他們的服裝穿起來更好看，1922年時研發出現代的女性胸罩，一改過去壓平胸部的做法，完全依照女性胸形來製作，徹底改變女性的內在美，品牌命名為Maidenform，中文名稱「媚登峰」，更是傳神。

58. Manhattan: 歷史悠久的襯衫品牌，1857年創設於紐約，1999年併入Perry Ellis International，在臺灣授權給遠東紡織，中文譯為「美好挺」，相當符合產品特性。

59. mavi jeans: 1991年才創立於土耳其，1996年反而輸出回牛仔褲的發源地美國，如今行銷50餘國，mavi在土耳其語中是blue的意思，其牛仔褲強調剪裁合身、時尚。

60. Montagut: 1880年Gaston Tinland在Saint Sauveur de Montagut 成立蠶絲工廠，1925年首度以針織推出女用內衣與絲襪，而絲線事業傳到1952年由女婿Leo Gros結合兩個家族並取得經營權，爾後發明人造絲布料Fil Lumière（亮絲），以這種布料製成的衣服大受歡迎。

61. NAF NAF: 義大利Gerard與Patric Pariente兄弟於1973年創業開設Influence服飾店，1978年開始改以NAF NAF為品牌，主攻少淑女裝，2007年公司併入Vivarte。

62. Nautica: 從臺灣移居美國的David Chu自FIT畢業後進入Catalina 工作，於1983年創立 Nautica品牌服飾，源自拉丁字Nauticus，反應中產階級在海邊、遊艇上的休閒能力，2003年賣給VF Corp.。

63. Oakley: Jim Jannard在1975年成立Oakley之前，曾是越野摩托車的維修技師兼越野摩托車握把銷售員，後來開發出適合越野摩托車手使用的風鏡（Goggle），再推出運動型太陽眼鏡、滑雪風鏡等等，持續不斷創新，與Motorola合作設計出MP3太陽眼鏡，現屬於義大利的Luxottica集團。

64. Perry Ellis: Perry Ellis學的是零售業經營，並不會畫圖，但清楚知道美國女性需求的服飾，曾替The Vera Company設計運動服，1978年成立自己的公司Perry Ellis International，46歲卻英年早逝，公司經多次易手後屬於Supreme Inc.，爾後更名為Perry Ellis International。

65. Pierre Cardin: 生於義大利，23歲回到法國，先後跟隨Jeanne Paquin、Elsa Schiaparelli等服裝設計師工作，再進入Dior，1950年開設自己的服飾店，展現未來的前衛感受與雕塑式的立體剪裁，並以授權生產方式擴展領域，產品多到無法計算，更買下Maxim's餐廳的經營權。

66. Playtex: 品牌在北美屬於Playtex Marketing，生產女性內衣，內衣以實用舒適為特點，公司50%股份屬於Sara Lee分出的HanesBrands，另外50%原屬於生產個人護理產品的Playtex Products。

67. PRADA (義大利)

→

68. Polo Ralph Lauren (美國)

→

69. Ray-Ban (義大利)

→

70. St. John (美國)

ST. JOHN → ST. JOHN

71. Tommy Hilfiger (美國)

→

→ TOMMY HILFIGER

72. Triumph International (德國)

→

→ Triumph

73. Trussardi (義大利)

TRUSSARDI →

→ TRUSSARDI

74. Valentino (義大利)

→

→ VALENTINO

75. Wacoal (日本)

→

76. Wrangler (美國)

→

→

77. Yevs Saint Laurent (法國)

→

→ YVES SAINT LAURENT

67. PRADA: 1913年Mario Prada所創立，以皮革製品聞名，70年代曾經瀕臨倒閉的窘境，直到擁有政治學博士的Miuchia Prada接掌公司後，藉著黑色尼龍包與三角形品牌釘釦特色，再度讓Prada重現生機，電影《穿著Prada的惡魔》，更將知名度推向最高峰。

68. Polo Ralph Lauren: Ralph Lifschitz為俄裔美國人，依他的哥哥Jerry建議將Lifschitz姓氏換掉，改為Lauren，1967年創立Polo Fashions公司，而Polo by Ralph Lauren品牌的對象是長春藤名校學生，雖然保守又想表現亮眼。

69. Ray-Ban: Bausch & Lomb於1937年開始以Ray-Ban品牌為美國空軍製造太陽眼鏡，中文譯為「雷朋」，以獨特的風格，無以倫比的品質，成為了太陽鏡精品的典範。現屬於義大利的Luxottica集團。

70. St. John: 模特兒Marie Gray受到一部針織機的啟發，開始為自己設計洋裝，也引起零售商的興趣來下訂單，1962年與夫婿Robert Gray共同創立St. John，1999年賣給私募基金Vestar Capital。

71. Tommy Hilfiger: Thomas Jacob Hilfiger於18歲時未繼續升學，開始為紐約校園中的年輕人設計風格簡潔、動感十足的嬉皮服裝。1978年在紐約市開設了自己的時裝店The People's Place，1985年才推出同名品牌，標榜濃厚的自由時尚美式風格。

72. Triumph International: 1886年Gottfried Spiesshofer和Michael Braun在德國創立Spiesshofe&Braun OHG，製作女性內衣，1902年註冊了Triumph品牌，1953年公司更名Triumph International，新形象字體傳達現代與創新，皇冠標誌確立女者為王的理念。

73. Trussardi: Nicola Trussardi是義大利著名服裝設計師，1970年從祖父手中接下皮革手套工廠，轉變為奢華用品王國，1973年啟用獵狗標誌，象徵領先、敏銳與尊貴，吻合其設計風格。

74. Valentino: Valentino Garavani於17歲移居巴黎學習服裝設計與工作，1959年回到義大利開設服裝店，Valentino喜歡用最純的顏色，卻依然能表現出華麗與美豔，1998年賣給HdP，2002年與Marzotto、Hugo Boss等品牌被分割另成立Valentino Fashion Group。

75. Wacoal: 創業於1946年，1949年成立和江商事Wako Shoji，主力商品為女性內衣，1957年改稱Wacoal，2005年成立控股公司管理旗下內衣、物流、店舖等相關事業，在臺灣是女性內衣市佔率第一的品牌，W字標誌如花朵般綻放。

76. Wrangler: 1943年Blue Bell收購自Casey Jones的品牌，推出著名13MWZ牛仔褲，耐穿與可靠性受牛仔競技表演者的認同，90年代併入VF公司，逐步全球馳名，標誌幾經變遷又回到繩索形式。

77. Yves Saint Laurent: Saint Laurent於17歲贏得國際羊毛事務局舉辦的青年服裝設計師比賽，21歲即成為Dior首席設計師。1961年Yves Saint Laurent與夥伴Pierre Bergé 共同創立個人服飾品牌，通常簡稱YSL，敢於讓女性穿起長褲與男裝，1999年Gucci買下該品牌。

歸納

- 單純使用文字標準字體為標誌者有53個，使用字體標誌是明顯的共通性。
- 黑色系是主要顏色有43個之多，黑色形成正式、時尚的色彩。
- 服飾公司通常不需規模太大，如單做品牌，工廠可能不是自己所擁有，但如有自己的零售店，則還需店舖形象。
- 因流行的汰換速度很快，服飾公司得不斷推陳出新，甚至是向別人取得品牌授權，因應市場的多樣變化。

Watches & Jewellery

Category

13

第十三類：筆錶珠寶業

涵蓋精品業中的書寫工具、手錶、計時器、珠寶首飾等，而其他服飾、化妝品則見另文介紹。

貴重的鋼筆與手錶廣受收藏家的青睞，小小的一件但其價格實際上卻不遜於汽車，而大多數人熟悉的鋼筆與手錶品牌，其歷史短則半世紀，長則超過百年，這些時間不僅幫助品牌累積國際知名度，更是高品質的保證。而稀有的珠寶顯耀財富，不僅是純粹作為首飾，也經常使用在鋼筆與手錶上，讓非凡的身價相得益彰。在此特別介紹名為「陀飛輪」的手錶機芯裝置，主要是因為手錶受不同方位的重力影響會使擺輪搖擺速度改變，以致出現時間誤差，陀飛輪在運行時會不斷旋轉，減少重力所造成的影響，而陀飛輪製錶工藝長久以來一直被視為代表頂級名錶的技術與創作。

1. Antoine Preziuso (瑞士)

→

2. ALBA (日本)

→

→

ALBA

3. Audemars Piguet (瑞士)

AUDEMARS PIGUET

→

→

4. Aurora (義大利)

→

AURORA
— made in Italy —

→

5. Baume & Mercier (瑞士)

→

6. Boucheron (法國)

→

→

7. Breguet (瑞士)

→

→

8. Breil (義大利)

→

→

9. BREITLING (瑞士)

→

→

10. Bulova (美國)

→

→

11. CARAN d'ACHE (瑞士)

→

CARAN d'ACHE
OF SWITZERLAND

→

1. Antoine Preziuso: 瑞士之獨立製錶師，1978年時受雇於Patek Philippe，1990年推出同名品牌，以複雜的三陀飛輪錶技術聞名，價格相當昂貴，A與P兩字的結合呈現如手錶中指針的形式。

2. ALBA: 日本SEIKO於1979年推出的年輕品牌，是初曉、日出的意思，源於西班牙及義大利文的古文字，有SEIKO的加持，能領導時尚潮流，標誌愈發簡約。

3. Audemars Piguet: 可追溯自1875年，以複雜與精密的功能著稱，能與Patek Philippe、Vacheron Constantin等媲美的頂級名錶，A與P兩字標誌象徵Audemars與Piguet 兩家族姓氏，直至今日仍由Audemars家族負責研發而Piguet家族負責銷售，合作無間。

4. Aurora: 義大利高級書寫名筆的品牌，第一次世戰後1919年義大利處於蕭條期，此時一位名為Aurora的布料富商創辦義大利第一個鋼筆公司，象徵迎接復甦的曙光，現行標誌有點復古，如飛雅特（Fiat）的標誌。

5. Baume & Mercier: 最早由日內瓦製錶Baume家族創立自1830年，1912年William Baume遇見沙皇貴族的兒子Paul Mercier，二人因志趣相投而結盟，以他們的名字創辦了Baume & Mercier，中文譯為「名仕」。

6. Boucheron: 奢華與名貴珠寶首飾的代名詞，1858年28歲的Frederic Boucheron於法國巴黎皇宮區開設精品店，開啟150餘年的傳奇，2008年與Vertu合作打造黃金手機，現也屬於GUCCI（PPR集團）。

7. Breguet: 中文譯為「寶璣」，由Abraham-Louis Breguet於1774年在巴黎成立，1795年發明陀飛輪以矯正鐘錶的時間誤差，1991年改組為Groupe Horloger Breguet（寶璣鐘錶集團），現則屬於Swatch。

8. Breil: Binda是一家具有上百年歷史的米蘭公司，1935年推出Breil手錶品牌，風格典雅，強調其工藝水準，而2001年新推出珠寶飾品，反而形塑簡約時尚的風格。

9. BREITLING: 由Leon Breitling創立專門製造工業用計時器的工廠，爾後為航空業製造軍用多功能機械腕錶，除了計時的功能之外，還可進行航務準備、核對飛行計畫、測算速度、以及計算油耗等，標誌結合航空的翅膀與航海的錨。

10. Bulova: Joseph Bulova在紐約開設一家珠寶及手錶專賣店，為Bulova奠下百年基礎，1952年推出名為Accutron的第一隻電動手錶，使用360赫茲的音叉來驅動電磁鐵，確保時間的準確度，1979年成為Lowes Corp.的子公司，2007年被日本Citizen買下，標誌就以音叉為圖案。

11. CARAN d'ACHE: 1924年Arnold Schweitzer買下Ecridorf鉛筆工廠，更名為CARAN d'ACHE，取自諷刺文學與政治漫畫家Emmanuel Poiré的俄文筆名karandash，意為鉛筆，融合瑞士腕錶的精湛工藝與打造高級書寫工具的藝術。

12. Cartier (法國)

→

13. CENTURY (瑞士)

→

14. CERTINA (瑞士)

→

→

15. CITIZEN (日本)

→

→

16. CROSS (美國)

→

→

17. DAMIANI (義大利)

→

18. dunhill (英國)

ALFRED DUNHILL
ESTABLISHED 1893
→
DUNHILL
→

19. David Yurman (美國)

→

20. De Beers (南非)

→

→

21. DOXA (瑞士)

→

22. EBEL (瑞士)

→

→

12. Cartier: 著名的珠寶與手錶品牌，1847年由Louis-François Cartier接下其師父的珠寶工作坊，在奢華中融入創新與前衛，1904年為巴西飛行員Santos發明第一隻實用腕錶改變舊有懷錶的佩戴方式，1912年發明神祕鐘，指針宛若懸浮於空中。Cartier古典的雙C與Chanel簡約的雙C形態相似，現併入Richemont集團。

13. CENTURY: 1966年由Hans Ulrich Klingenberg在瑞士的Biel創立，他憧憬創造一種完美的結構和永恆典雅的和諧結合，就此生產出第一隻以藍寶石為錶面的專利手錶，並以藍寶石為標誌。

14. CERTINA: 1888年創業於瑞士西北部的Grenchen，初期品牌稱為Grana，源自Grenchen的拉丁文Granacus，爾後更名Certina，意為Certain，研發出耐摔與抗壓力的DS（Double Security）技術，現屬於Swatch集團。

15. CITIZEN: 星辰控股是日本主要的鐘錶集團，1918年稱為「尚工社」，因懷錶Citizen品牌而成為公司名，開發出電波校正技術，手錶每天接收由日本基地台發射出的「標準時刻」電波，自動校正時刻，達到10萬年只誤差1秒的驚人效能。

16. CROSS: 美國歷史最久的書寫工具品牌，CROSS家族原為珠寶商，1846年創立公司製作金與銀的鉛筆盒，而後研發書寫工具，產品擴展手錶與精品事業。

17. DAMIANI: 公司由Damiani家族創立，開始只是Enrico G. Damiani的珠寶工作室，其子Damiano將之轉型為企業品牌，更獨創半月形鑽石鑲嵌技法，曾因複製Brad Pitt與其前妻的結婚戒指被Brad Pitt控告，2002年只好邀請他設計系列產品。

18. dunhill: 英國Alfred Dunhill於1893年接手其父親的馬具公司轉型為汽車製造配件，創設Dunhill's Motorities，爾後由販賣煙具，擴展到服飾、香水等等，現併入Richemont集團，但香菸品牌授權給BTA，香水品牌授權給P&G。

19. David Yurman: 1979年雕塑家David Yurman與畫家妻子推出同名首飾品牌，以過人的藝術天分，創造讓人覺得舒適而優雅的名貴飾品，1994年他們更向鐘錶界發展。

20. De Beers: 全球最大、歷史最悠久的鑽石礦業集團，1888年由南非英國人Cecil Rhodes創立，至今讓De Beers成為鑽石的代名詞，行銷由子公司DTC負責，砸大把銀子廣告A Diamond is Forever鑽石恆久遠、八心八箭的理想車工等話題，加上有效控制鑽石的產銷，更使鑽石超乎常理的昂貴。

21. DOXA: 第一隻潛水錶DOXA SUB，錶面的橙色，成為公司色彩，受到日本石英錶的衝擊，1980年公司被賣掉停止運作很長一段時間，直到2002年再度復活。

22. EBEL: 1911年由Eugene Blum與妻子Alice Levy創立於La-Chaux-de-Founds，品牌名稱EBEL是Eugene Blum Et Levy的簡稱，而傳奇建築大師Le Corbusier的作品Villa Turque，正是EBEL的公司所在，啟迪設計師源源不絕的靈感。2004年被Movado集團併購。

23. Daniel Roth (瑞士)

→

24. EDOX (瑞士)

→

25. ESQ SWISS (瑞士)

→ ESQ SWISS

26. Fabergé (開曼)

→ LEVER FABERGÉ → FABERGÉ

27. Festina (瑞士)

→

→

28. Franck Muller (瑞士)

→

29. Gerald Genta (瑞士)

→ Gērald Genta

30. Girard-Perregaux (瑞士)

GIRARD·PERREGAUX →

→ GP GIRARD-PERREGAUX

31. Hamilton (瑞士)

→

→

32. IWC (瑞士)

→

→

33. JACOB & Co. (美國)

→

→

23. Daniel Roth: Daniel Roth曾為各大錶廠工作，1989年成功開發陀飛輪後自立門戶，標誌陀飛輪裝置下方以藍鋼鑄成的三根不等長指針，2000年被Bulgari集團購入。字體標誌特別強調其中的T字。

24. EDOX: 在瑞士鐘錶的發源地，風光秀麗的Biel，1884年製錶名師Christian Ruefli-Flury創立了自己的鐘錶品牌 EDOX，是希臘文的時間，以沙漏為標誌。

25. ESQ SWISS: Movado集團於1992年推出之品牌，Esquire（ESQ）是由Hearst Corporation授權，定位為比較容易入門的精品手錶。

26. Fabergé: 原是俄國珠寶商，但美國商人Sam Rubin卻在美國登記為品牌，1951年Fabergé家族在美國打官司，卻因沒錢再支撐而將品牌賣出，1989年Unilever將品牌用在化妝品上，現今由Pallinghurst Resources旗下的Fabergé Limited取得，將恢復往日的奢華珠寶精品。

27. Festina: 1902年在瑞士註冊，主要銷售於西班牙與義大利，1984年被Lotus集團合併成Festina Group，總部現設於西班牙。

28. Franck Muller: 1984年開始設計陀飛輪錶，1991年正式成立公司，短短10餘年就成為頂級訂製手錶的領導者，顛覆傳統製錶業悠久的歷史背景。

29. Gerald Genta: Gerald Charles Genta是瑞士著名的腕錶設計師，義大利裔的他出生於瑞士日內瓦，十五歲時就學習珠寶設計，十九歲之後進入廣告、時裝界。於1969年成立工作室，以同名品牌生產腕錶，2000年被Bulgari集團收購。

30. Girard-Perregaux: 簡稱GP的名錶，由J.F. Bautte創始於1791年，現在名稱來自Constant Girard於1854年與Marie Perregaux結婚，有能力自行製造動力組件，也是少數能打造陀飛輪錶的公司。

31. Hamilton: 於1892年成立於美國賓州，以紀念擁有Lancaster市的James Hamilton，由於當時美國鐵路公司所採用的計時器卻相當不準確，造成一連串的火車相撞事故，於是Hamilton推出第一批百老匯特快列車懷錶，1957年發行世界首款使用電池驅動的手錶，1969年停止在美國的生產，移往瑞士，品牌現屬於Swatch集團。

32. IWC: 全名為International Watch Co.，1868年由來自波士頓的美國人F.A. Jones在瑞士創建，利用當時技術閑熟、工資低廉的瑞士製錶人力，結合來自美國的工業機械來生產極度精確的懷錶機芯，爾後由Rauschenbach家族擁有，第一家將鈦金屬用於製錶業的製錶廠。

33. JACOB & Co.: 俄國人Jacob Arabo於16歲移居美國學習珠寶設計，1986年創建JACOB & Co，其珠寶與手錶特別受到美國HIPHOP藝人的鍾愛，形象愈調整愈細緻。

34. JUNGHANS (德國)

→

→

35. LONGINES (瑞士)

→ LONGINES →

36. LORUS (日本)

→

37. Luminox (瑞士)

→

38. Maurice Lacroix (瑞士)

→

39. MIDO (瑞士)

→

40. Mont Blanc (德國)

→

→

41. MOVADO (瑞士)

→

→

42. Officine Panerai (義大利)

→ OFFICINE PANERAI
FIRENZE 1860 →

43. Orient (日本)

→

44. OMEGA (瑞士)

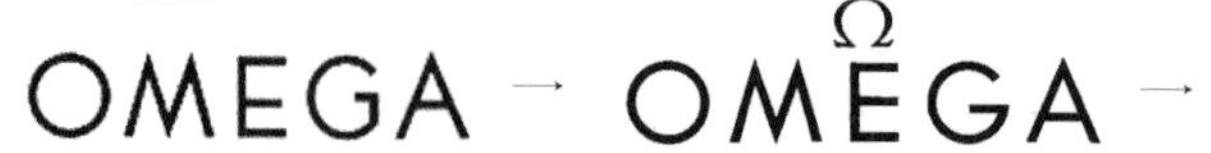

→

34. JUNGHANS: 1861年由Erhard Junghans創立，初期僅代工生產鐘錶零組件，現已成為了德國最大的鐘錶工廠，2000年則由香港聯洲國際EganaGoldpfeil集團入主，八角星標誌象徵輝耀的品質。

35. LONGINES: 1832年Auguste Agassiz找到經營鐘錶生意的工作，後來侄子Ernest Francillon在Les Longines創立製錶廠，1880年正式將沙漏翅膀標誌註冊，產品價位高而優雅細緻，品牌現屬於Swatch集團。

36. LORUS: 日本SEIKO於1982年在歐洲推出的大眾化品牌，吸引購買第一隻手錶的年輕人，SEIKO對每個品牌都進行適當的區隔與定位，LORUS居於最低價的階層。

37. Luminox: 1989年Richard Timbo與Barry Cohen創始，後來由MB-MICROTEC燈管廠協助製造，成為美國海軍的海豹部隊的專用錶，其照明用的自發光疝氣燈管亮度是夜光塗料的百倍。

38. Maurice Lacroix: 該公司源自Desco von Schulthess AG，早在1889年便創立於蘇黎世，1975年推出Maurice Lacroix的品牌，生產機械腕錶，2001年Maurice Lacroix成為獨立公司。

39. MIDO: 1918年瑞士製錶師Georges Schaeren創立，從西班牙語"Yo mido"（我測量）而來的MIDO這個名字，中文譯名「美度」，品牌現屬於Swatch集團。

40. Mont Blanc: 1902年成立Simplo Filler Pen公司，爾後以白朗峰（Mont Blanc）為品牌，其「白色六角星」商標，代表白朗峰山頂上的積雪，中文譯名「萬寶龍」，寓意書寫工具業界的龍頭。

41. MOVADO: 1881年Achille Ditesheim成立一家僅有6個人的小型製錶工坊，1903年以Movado為公司名，Movado在世界語中是運轉的意思，1947年由美國現代藝術家Nathan George Horwitt設計的Museum Watch問世，在黑色的錶面上沒有任何數字，只有一個金色圓點位於12時位置，象徵中午的太陽，而時分指標則暗示著地球運動，該手錶在1960年被美國紐約現代藝術博物館（MOMA, New York）選為永久典藏品，因此名為Museum Watch。

42. Officine Panerai: 1860年由 Giovanni Panerai在義大利佛羅倫斯開設鐘錶店Orologeria Svizzera（瑞士鐘錶），1972年更名Officine Panerai，有很長一段時間為義大利海軍生產潛水錶，中文名「沛納海」，現屬於Richemont集團。

43. Orient: 自1901年吉田庄五郎的吉田時計店創始，1951年多摩計器更名Orient時計，現為Seiko Epson的子公司，中文稱為「東方錶」，以雙獅標誌著名，但「東方錶行集團」則是無關連的香港鐘錶零售商。

44. OMEGA: 1848年Louis Brandt創立手錶裝配工廠，Omega（Ω）是希臘語二十四個字母的最後一個字母，它象徵著事物的開始與終結，代表了追求完美、極致的品質，Omega首度當選奧林匹克官方指定時計始於1932年洛杉磯奧運會，中文現譯為「歐米茄」。

45. PARKER (美國)

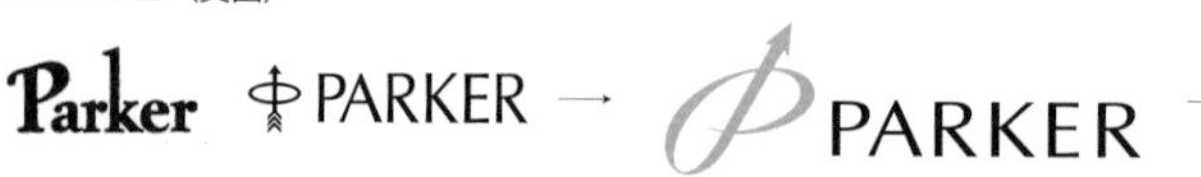
→

→

46. Patek Philippe (瑞士)

→

→

47. Pelikan (德國)

→

→

48. PIAGET (瑞士)

→

49. PPR (法國)

→

→

50. RADO (瑞士)

→

→

51. Revue Thommen (瑞士)

→

52. Rolex (瑞士)

→

→

53. SECTOR (義大利)

→

54. SHEAFFER (美國)

→

→

55. TAG Heuer (瑞士)

→

45. PARKER: 1880年代一位名為George Parker的老師，兼賣John Holland的鋼筆維生，因常常要修理賣出的鋼筆而浪費許多時間，而決定自己製造一支品質優良的鋼筆，於1889年取得了專利，爾後成立Parker Pen公司，現屬於Newell Rubbermaid集團下的Sanford。

46. Patek Philippe: Antoni Patek在波蘭革命失敗後到了瑞士，開始其鐘錶事業，1851年與Adrien Philippe共同創立Patek Philippe，其品牌標誌是十字星（Calatrava Cross），曾是十字軍使用的美麗徽章，Patek Philippe堪稱是錶中勞斯萊斯，中文譯名「百達翡麗」。

47. Pelikan: 起源於Carl Hornemann的墨水工廠，而後Günther Wagner於1878年接手而創立Pelikan公司，使用其家族徽記Pelikan，標誌中小鳥的數目一直減少與簡化。

48. PIAGET: 1874年Georges Edouard Piaget開始機芯製造，1943年註冊PIAGET品牌，獨創超薄機芯，同時注重運用貴重金屬和貴重寶石於製錶。中文譯名「伯爵」，現屬於Richemont集團。

49. PPR: 著名法國零售集團，由1963年François Pinault創始，1992併購春天百貨（Printtemps），1994年再併La Redoute，1999年進入精品市場後拿下Gucci集團，近來PPR賣掉春天百貨之後，專心於奢侈品代理業務。

50. RADO: 1917年成立，以Rado（轉動）為品牌推出手錶，與傳統製錶的不同在於Rado採用「未來」的材質，如：精密陶瓷、稀有金屬和藍寶石水晶，形成了與眾不同的風格。

51. Revue Thommen: Gedean Thommen於1853年在瑞士創立了Waldenburg錶廠，推出Revue Thommen品牌，1936年正式成立專業航空儀器部門，專司研發及生產高精準航空用鐘及測量儀器，如今Thommen專注於航空儀器事業，手錶品牌則授權給Grovana Watch經營。

52. Rolex: 1905年Hans Wilsdorf與姐夫Alfred J. Davis在倫敦成立名為Wilsdorf & Davis的手錶貿易公司，並和公司營運部門位於瑞士Bienne的Aegler機芯廠簽約合作，Wilsdorf於1908年在瑞士正式登記了Rolex品牌，中文譯名「勞力士」。Rolex最初的標誌是一隻五指伸開的手掌，寓意其產品完全靠手工精製，後來逐漸演變為現在人們所熟知的皇冠，展現著Rolex在製錶業的帝王之尊。

53. SECTOR: 義大利的Sector Group擁有有生產運動錶的Sector與Cavalli、Pirelli等品牌，而Morellato創立於1930年，早期一直為OMEGA代工精鋼錶帶，後期主要生產男女首飾，近來買下Sector後，合併為Morellato & Sector。

54. SHEAFFER: 美國Walter A. Sheaffer於1906年買下一家珠寶店，並開始研究鋼筆的注墨方式，1908年發明了槓桿式補充墨水，Sheaffer小白點最早出現於1924年，其用意是表示Sheaffer對該筆的保證承諾，現屬於法國BIC。

55. TAG Heuer: Edouard Heuer於1860年在瑞士創辦了自己的小型製錶工作室，以專業運動競賽計時舉世聞名，1985年高科技製造公司TAG買下Heuer，而現今屬於LVMH，代言人多是F1著名車手與運動明星。

56. Tiffany & Co. (美國)

TIFFANY & CO. → TIFFANY & CO. → TIFFANY & CO.

57. TIMEX (美國)

TIMEX → T I M E X → TIMEX

58. Tissot (瑞士)

→ TISSOT →

59. TITONI (瑞士)

→

60. UNOAERRE (義大利)

→

→

61. Van Cleef & Arpels (法國)

→ Van Cleef & Arpels → Van Cleef & Arpels

62. Waterman (美國)

→

→

63. WENGER (瑞士)

→

→

64. ZALES (美國)

→

→ ZALES THE DIAMOND STORE

65. ZENITH (瑞士)

→

→

66. ZODIAC (瑞士)

Zodiac →

→

56. Tiffany & Co.: 1837年公司是原名Tiffany and Young的文具飾品店，企業色選擇獨特的水藍色，運用於盒子、購物袋上，直至今日。1853年Charles Tiffany獨攬經營權，公司更名為Tiffany & Co.，並將重心放在珠寶上，以其專業協助建立鑽石的克拉重量與鉑金純度標準。

57. TIMEX: 源自1854年的Waterbury Clock，1950年才以TIMEX天美時為品牌，致力於創新並研發堅固可靠但屬於大眾價位的手錶，讓天美時這個品牌得以在激烈競爭的市場中發光發熱，Timex Group現屬於挪威Fred. Olsen & Co.航運公司。

58. Tissot: 1853年由Tissot父子創立，一開始便有計畫地讓品牌拓展到瑞士以外，進入沙皇統治下的俄國，受到當時貴族的歡迎，爾後成為自行車、摩托車、擊劍和冰上曲棍球世界錦標賽的指定計時器，1983年加入了Swatch集團。

59. TITONI: 1919年由Schluep家族成立，在公司建立的最初四十年裡，僅以FELCA品牌生產手錶。自50年代初期，推出了第二個品牌TITONI，是現今極少有的獨立家族製錶企業之一，因其梅花標誌中文名稱「梅花嘜」或「梅花錶」。

60. UNOAERRE: 1926年設立了GORI & ZUCCHI金飾加工廠，將零散的金飾工藝師集中在一起，並註冊品牌1AR（UNOAERRE為其義大利語讀音），爾後UNOAERRE也成為公司的正式名稱。

61. Van Cleef & Arpels: 兩大珠寶家族中Estelle Arpels和Alfred Van Cleef的婚姻，令Van Cleef & Arpels品牌於1906年的誕生，以上等的寶石與隱藏式鑲嵌術聞名，歷史標誌是Place Vendôme上的紀念碑（圓柱）。

62. Waterman: Lewis Edson Waterman於1883年創立於紐約，品質可靠，但創新行動比較緩慢，導致1954年美國總公司關閉，現今生產Waterman筆的是法國公司。

63. WENGER: 追溯自1893年Paul Boéchat於Courtételle創立的Paul Boéchat & Cie.刀廠，1907年Theo Wenger收購該公司並更名為Wenger & Co. S.A.，原先Victorinox獨家供應小刀給瑞士軍隊，後來瑞士軍方決定撕毀合約，將半數訂單交給Wenger，2005年卻被Victorinox收購。

64. ZALES: 1924年ZALES品牌創立第一家珠寶店於美國德州，已發展為大型珠寶商Zale Corporation，旗下還有Gordon's、Peoples等品牌。

65. ZENITH: 1865年僅22歲的Georges Favre-Jacot將所有的鐘錶大師召集在一起，讓他們盡情發揮靈感，全身心地投入到鐘錶設計當中，1911年以意為宇宙最高點的ZENITH一字，為他的機芯和鐘錶工坊命名，1999年被LVMH集團收購。

66. ZODIAC: 源自1882年Ariste Calame工作坊，1908年以ZODIAC為品牌，主推冒險用的避震運動型手錶，現屬於Fossil旗下。

歸納

- 單純使用文字標準字體為標誌者有33個，而以圖案加上字體也有33個。
- 標誌採用黑色系為主，有32個之多。
- 品牌顏色多用黑色應與低調的奢華有關，減低暴發戶的俗麗印象，大多趨向簡化與現代感。
- 法國LVMH、PPR與瑞士Richemont三個大集團掌握了精品業主要品牌，隨著不景氣的衝擊，小品牌只能依靠到大公司以求生存，將來勢必更加明顯，而社會階級M形化的結果反而使得奢侈品更加有利可圖。

Personal Care

Category 14

第十四類：潔護美容業

涵括個人潔膚護理、生理衛生，口腔清潔、精油、香水、化妝品、美髮美容等，而家庭清潔另屬化學合成業。

起源於肥皂與香水，潔護美容是乾淨舒爽而悅人的事業。肥皂是藉由油脂與鹼反應所製成，在油脂廠或化工廠生產，由於大量的需求，肥皂是最早投入大規模廣告的產品；而在文藝復興時期，香水主要是貴族和有錢人用來遮蓋如廁之後所產生的體味，因此，從上流社會的禮儀來看，可以不化妝但不能沒擦香水。香水創造獨特的香味則如釀酒，需專業的技術與非凡的嗅覺，是化妝品公司積極投入的利潤來源。把自己整理得乾淨、漂亮，對別人都賞心悅目，但如是過度的美容就矯情而做作了。

1. Alberto Culver (美國)

→ Alberto Culver

2. ALMAY (美國)

ALMAY → ALMAY

3. AVEDA (美國)

AVEDA → AVEDA

4. Beiersdorf (德國)

→

→ BDF ●●●● Beiersdorf

5. Bioré (日本)

→

→ Bioré

6. BIOTHERM (法國)

→

→ BIOTHERM

7. BOURJOIS (法國)

→

→ BOURJOIS PARIS

8. Butler (美國)

→

9. Carefree (美國)

→

→

10. CHANEL (法國)

MADEMOISELLE CHANEL →

→ CHANEL

11. Clairol (美國)

→ Clairol → CLAIROL

世界商標演進1400+

1. Alberto Culver: 1955年Leonard Lavin買下這家美容產品公司，然後停掉一百多項產品，專心經營Alberto VO5護髮品，2005年併購專業沙龍品牌Nexxus，而將形象調整得更為專業。

2. ALMAY: 結合創辦人Alfred 與Fanny May名字，從1931年起產製不引起過敏、無香精的皮膚保養品，1987年被Revlon併購，現已發展出各種彩妝用品。

3. AVEDA: 由奧地利移民到美國的Horst M. Rechelbacher所創立，AVEDA由梵文AYUVEDA而來，意為「所有知識」，源自於印度生命醫學，提倡身心平衡的崇高理想，更闡揚化妝品的生態觀念，主張不使用化學製成的化妝品「汙染」自己的身體，受Estée Lauder的欣賞而將其併入集團。

4. Beiersdorf: 1882年公司以製造藥膏開始，最早與最出名是NIVEA護膚產品，其他化妝品牌有la prairie與JUVENA，新標誌在BDF下加全名Beiersdorf，畢竟縮稱BDF可能是其他公司名稱或不同意義。

5. Bioré: 花王（Kao）的潔膚產品品牌，源自希臘語中Bios為生活而Ore為滿足，產品有洗面乳、卸妝乳、防曬乳液等，中文譯為「蜜妮」或「碧柔」。

6. Biotherm: 1952年由一位生物學家獲得庇里牛斯山區的礦泉水之智財權而創立，BIOTHERM來自BIOLOGIST生物學家及THERMAL礦泉二字的結合，所有產品主要成分為礦泉活性萃取精華，現隸屬L'ORÉAL旗下，圖形標誌如湧泉的波紋。

7. BOURJOIS: 1863年法國舞台劇演員Joseph Albert Ponsin發明了Blanc de Perles粉底，為女演員塑造白皙皮膚，因欠缺生意經驗於是售給Alexander-Napoleon Bourjois，品牌改名為BOURJOIS，屬於開架式化妝品。

8. Butler: Dr. John O. Butler於1923年創立公司生產牙刷、口腔清潔產品，1988年賣給日本Sunstar，除了Butler，Sunstar另發展GUM品牌。

9. Carefree: Johnson & Johnson生理衛生產品，照字面翻譯是無憂慮，但實際中文品牌名為「嬌爽」，意為嬌生公司關心女性的舒爽，標誌的圖案原是手帕訴求女性友誼手帕交，後來變為花朵，現在又回到純字體標誌。

10. CHANEL: Chanel不僅為時尚界的名牌，香水與化粧品也一直是香奈兒表現相當出色的項目，自1923年No. 5香水問世以來，購買者趨之若鶩，純淨而經典的雙C標誌和黑白的形象，是眾多競爭者追隨的標竿。

11. Clairol: Gelb夫婦將歐洲的染髮技藝產品Clairol引進到美國，使染髮的層次更豐富，爾後賣給Bristol-Myers，2001年轉賣給P&G，中文譯名「可麗柔」。

12. CLARINS (法國)

→ →

13. CLINIQUE (美國)

→

14. Colgate (美國)

→ →

15. COTY (法國)

→

→

16. CoverGirl (美國)

→

17. Crest (美國)

→

18. DARPHIN (法國)

→

19. DECLEOR (法國)

→

20. DESSANGE (法國)

→

21. Dial (美國)

→

→

22. Dove (荷蘭)

→

→

12. CLARINS: 家族企業創立於1954年，專注於美體保養品，特別重視站在第一線、肩負傳遞美容知識重任的專業美容顧問，並提出保養性香水的概念。

13. CLINIQUE: Estée Lauder購自皮膚科醫師的護膚處方創立的品牌，專櫃美容師的潔白制服、產品簡單中性的外包裝，以及強調經過過敏測試、無香精等訴求，形象如同其名診所般強調皮膚科醫學淵源的專業。

14. Colgate: 1806年開始的牙膏品牌，中文譯名「高露潔」，1928年被Palmolive棕欖公司合併，1953年正式使用Colgate-Palmolive為公司名稱，稱霸世界牙膏市場，來到臺灣也投資生產黑人牙膏的好來化工。

15. COTY: 1904年François Coty在巴黎創立了香水公司，1963年曾屬於Pfizer，1992年被德國Benckiser家族所買下，由JAB Investment管理，標誌也隨著不斷的易主而多變化。

16. CoverGirl: 封面女郎是美國Noxzema Chemical（後來改名為Noxell）推出的化妝品，屬於開價式的非專櫃品牌，形象正如同其名，廣告強力將模特兒臉孔與品牌結合，1989年賣給P&G。

17. Crest: 1955年由P&G銷售的全球首創含氟牙膏品牌，被美國牙醫協會認可的防蛀牙膏，1985年更將效能提升防治牙結石，在歐洲某些國家則以Blend-A-Med品牌銷售。

18. DARPHIN: 1958年Dr.Pierre Darphin於其護膚診所率先發表萃取自天然植物活性成分的護膚產品，號稱使用其保養品有類似電波拉皮的效果，被Estée Lauder併購。

19. DECLEOR: 香薰護理產品品牌，在法文中意為「擁有進入至善至美的金鑰匙」，由醫生、藥劑師、香薰治療師及生物化學家共同研發。

20. DESSANGE: 1954年Jacques Dessange開創同名的美髮沙龍，90年代將品牌運用於美髮與化妝品，發展為遍布世界的美容集團。

21. Dial: 美國第一個除臭抗菌的香皂，是Armour and Company肉品公司開發的副產品，廣告中有長時效的時鐘表現，因而有Dial品牌名，2004年被德國Henkel買下。

22. Dove: 1955年由 Unilever 於美國市場推出的香皂品牌，因含乳霜被定位為美容香皂，以Dove為名，訴求質純溫和，由於其品牌被高度認同，產品已擴及乳液、洗髮精等，現今的標誌圖案也像女生剪影。

23. Elizabeth Arden (美國)

→

→

24. ESTÉE LAUDER (美國)

→

→ ESTĒE LAUDER

25. GALÉNIC (法國)

→

26. GARNIER (法國)

GARNIER
→

→

27. GUERLAIN (法國)

→ GUERLAIN PARIS

28. GUINOT (法國)

→

29. HELENA RUBINSTEIN (美國)

→

→

30. Kao (日本)

→

→

31. KÉRASTASE (法國)

→ KÉRASTASE P A R I S →

32. Kotex (美國)

→ Ko+ex. →

33. L'ORÉAL (法國)

→

→

23. Elizabeth Arden: 1908年原是加拿大籍的Florence Nightingale Graham，離開了護士學校，隻身到紐約投靠其哥哥，在藥廠裡做會計，1910年再到法國學習美容，回到紐約後開設Elizabeth Arden紅門美容沙龍，Arden女士去世後，公司幾經轉手，於1989年賣給Unilever，努力擺脱過去適合熟女的印象。

24. Estée Lauder: 東歐裔的Josephine Esther Mentzer與其先生於1946年開始化妝品事業，起初只有四個品項，開始進駐Saks Fifth Avenue百貨設櫃，而後發展成為媲美法國化妝品的領導品牌，集團另包含Aramis、Bobbi Brown、La Mer等十幾個品牌。

25. GALÉNIC: 婕若琳是由成立於1978年的PFDC藥廠結合皮膚學與藥學經驗而成立GALÉNIC研究室，其名稱源自於法文Galénique（藥學科學），以科學萃取自然精華為肌膚創造美麗。

26. GARNIER: 法國化學家Alfred Amour Garnier於1903年創立的品牌。1904年當人們都還在以一般肥皂洗頭時，卡尼爾就研發出一種萃取植物精華且能夠抗菌和抗頭皮屑的美髮露；1965年被L'ORÉAL集團正式併購後，積極發展肌膚保養產品。

27. GUERLAIN: 1828年由一家小香水店開始，爾後受到各國皇室的喜愛，在Gurerlain家族維持一百多年的經營後，1994年合併入LVMH集團。宣示貴族血統的鏡射雙G圖案標誌，現在已不見了。

28. GUINOT: 1963年化學家Rene Guinot成立公司，10年後被藥學博士Jean-Daniel Mondin買下，一直標榜專業護膚。

29. HELENA RUBINSTEIN: 生於奥匈帝國（波蘭），1902年於澳洲開始其美容生意，輾轉到英國、巴黎再定居美國，現屬於L'ORÉAL集團，呈現知性與優雅形象，找來Demi Moore代言。

30. Kao: 中文名稱為「花王」，其前身是1887年 「長瀨商店」，因銷售名為花王石鹼的香皂，1925年開始花王石鹼公司，Kao在日語中發音如同「顏」，寓意臉的美麗如花中之王，以月亮象徵美與潔淨。

31. KÉRASTASE: 專業級美髮沙龍的產品品牌，由L'ORÉAL推出針對頭皮問題的洗髮乳開始發展，現成立頂級髮療沙龍。

32. Kotex: 1921年Kimberly-Clark首先推出可拋棄的衛生棉，在臺灣以「靠得住」名稱行銷，是消費者認定靠得住的品牌，大陸譯為「高潔絲」，以往在標誌使用紅色的點來象徵月經period。

33. L'ORÉAL: 全球最大的化妝品集團起源於1907年，法國化學家Eugéne Schueller於自家公寓設立實驗室，發明了全世界第一支化學合成染髮膏開始，經過不斷地實驗改良，為自己的發明申請專利，並取名為L'ORÉAL，從此L'ORÉAL這個名字，便開始在美容化妝領域內獨領風騷。

34. LANCÔME (法國)

→

→

35. LIERAC (法國)

→
LIERAC
PARIS

36. MAX FACTOR (美國)

MAXFACTOR
→

→
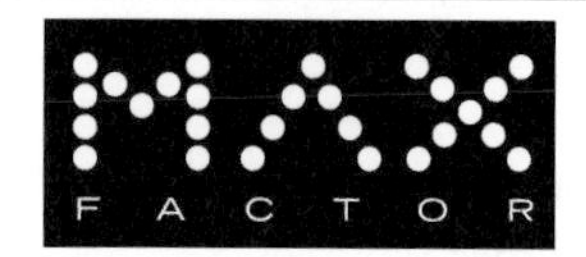

37. MAYBELLINE (美國)

→

→

38. Mary Kay (美國)

→

39. NINA RICCI (法國)

NINA RICCI → NINA RICCI

40. NU SKIN (美國)

→

→

41. OLAY (美國)

→

→

42. ORLANE (法國)

ORLANE PARIS
→

43. Palmolive (美國)

→

→

44. PANTENE PRO-V (美國)

→

→

34. Lancôme: 1935年 Armand Petitjean 由中世紀城堡Le Château de Lancosme得到靈感，而城堡周圍的玫瑰花也成為品牌標誌，呈現法式優雅風格，隸屬於L'ORÉAL化妝品集團。

35. LIERAC: 由皮膚科醫師Leon Careil於1975年成立Lierac實驗室，Lierac就是將Careil倒著念，於1979年併入Ales Groupe。

36. MAX FACTOR: 蜜絲佛陀是與創辦人同名的品牌，創造出彩妝makeup一字，以電影化妝而著名，受好萊塢影星與造形師喜愛，但家族企業幾經易主，現為P&G旗下，新形象以聚光燈點為元素。

37. MAYBELLINE: 1915年T.L. Williams使用其妹妹Maybel的名字設立公司，生產睫毛膏，1996被L'ORÉAL併購，總部移到紐約，成為開架彩妝最大品牌。

38. Mary Kay: Mary Kay Ash於1963年創立化妝品直銷公司，其金字塔形的銷售組織，讓上線靠建立下線賺錢，但在臺灣常有人利用此方式斂財，於是有老鼠會的惡名。

39. NINA RICCI: 1932年Maria "Nina" Ricci成立訂製時裝店，日後推出著名L'Air du Temps香水，建立在化妝品的知名度，1998年 NINA RICCI被西班牙PUIG集團併購。

40. NU SKIN: 如新企業是成立於1984年的直銷公司，銷售化妝品與營養食品等，化妝品屬於NU SKIN個人保養品事業處。

41. OLAY: 1949年由南非軍醫Graham Wulff製作了一種治療灼傷的藥，但軍醫太太卻誤把它當作護膚乳液，效果卻意外地明顯，將它命名為Oil of Olay，1985年被P&G買下，標誌屢經更新，新形象字體刻意大小寫混合。

42. ORLANE: 自1947年法國伯爵Guillaume d'Ornano家族所創Jean d'Albret香水公司，隔年以ORLANE為品牌推出保養品，1985年正式加盟義大利化妝品Kelemata集團。

43. Palmolive: 1898年B.J. Johnson以棕梠與橄欖油製成香皂，後來公司也更名Palmolive，1926年與Peet Bros.合併為Palmolive-Peet，再與Colgate合併。

44. PANTENE: P&G的美髮系列品牌，1940年一名瑞士科學家發明了能增進頭髮健康，讓頭髮強韌、滋潤並增加彈性的維他命原（Pro-V）；1947年潘婷品牌在英國誕生，不久之後才登陸美國市場，目前是P&G的護髮品領導品牌。

45. PAYOT (法國)

→

→

46. P&G (美國)

→ P&G → P&G

47. PHYTOMER (法國)

→

→ PHYTOMER

48. PIZ BUIN (奧地利)

→

49. POND'S (美國)

→

→

50. REDKEN (美國)

→

→

51. REVLON (美國)

REVLON →

52. SANS SOUCIS (德國)

→

53. Schwarzkopf (德國)

→

54. sisley (法國)

→ sisley PARIS

55. Stendhal (法國)

Stendhal PARIS → PARIS Stendhal

45. PAYOT: 瑞士皇家醫學院博士DR. Nadia Payot於1927年所創立，強調專業的護膚中心產品，被西班牙PUIG集團併購。

46. P&G: Procter & Gamble簡稱P&G，以Ivory肥皂成名，1920年代開始贊助收音機戲劇節目，產生肥皂劇（soap opera）的稱呼，月亮臉孔圍著13顆星星的舊標誌因被謠傳影射是撒旦，1985年毅然決然改用P&G新標誌。

47. PHYTOMER: 成立於1971年，是全球第一個在現代美容品中加入海洋成分的品牌，屬於Ales Groupe。

48. PIZ BUIN: Silvretta山的著名高峰，Franz Greiter因攀登 PIZ BUIN而曬傷，1938年開始研究防曬產品，便以PIZ BUIN為名，有從哪裡跌倒就從哪裡站起來的味道，該公司還制定出SPF防曬係數之國際標準。

49. POND'S: 旁氏在1846年誕生於美國，Theron T. Pond從金縷梅中提煉出收斂劑，1905年的冷霜更是革命性產品，但消費者多是上了年紀的婦人，近幾年形象一直調整，傳達年輕粉嫩的無暇肌膚形象。

50. REDKEN: 1960 年演員Paula Kent 與其美髮師Jheri Redding創立了REDKEN，1993年公司賣給L'ORÉAL在美國的授權公司Cosmair（後更名為L'ORÉAL USA），總公司移到紐約第五大道。

51. REVLON: 1932年Charles Revson 與哥哥Joseph Revson 及Charles Lachman創立，生產指甲油，將L加到姓氏中形成REVLON品牌，中文名「露華濃」，由名作詞家、廣告人黃霑取材自李白的清平調：雲想衣裳花想容，春風拂檻露華濃。

52. SANS SOUCIS: 1939年Walter Friedmann於18世紀普魯士國王菲特烈大帝（Friedrich der Grosse）所居住的夏日行宮Schloss Sanssouci旁開設沙龍，標誌圖案是花園中的噴泉。

53. Schwarzkopf: 1898年Hans Schwarzkopf開設一家小藥房，1903年開始生產了第一個產品——洗髮劑，次年柏林的藥劑店都有供應黑人頭標誌的洗髮劑，於1995年被Henkel買下，而Schwarzkopf Professional為專業美髮沙龍品牌。

54. sisley: 由Hubert d'Ornano伯爵夫婦在1976年創立的化妝品品牌，強調純植物性提煉的精純化妝品，與sisley服飾無關。

55. Stendhal: Stendhal品牌由Mr. Roger Thirion在法國所創立，Roger Thirion以他最喜愛的法國名文學作家Stendhal來為他所研發的保養品命名，並能為此一系列保養品及化妝品塑造出優雅、尊貴、睿智的氣質形象，Stendhal以紅與黑為其企業色，主因其一是法國文學家Stendhal所著之《紅與黑》為世界十大名著之一，其二是紅色代表君王，而黑色則代表神，都有支配者的意涵。

56. Suave (美國)

→

→

57. THALGO (法國)

→

58. THE BODY SHOP (英國)

→

59. Timotei (英國)

→ TIMOTEI → Timotei

60. Unilever (英國、荷蘭)

→

61. VICHY (法國)

→ VICHY → VICHY LABORATOIRES

62. VIDAL SASSOON (美國)

→ VIDAL SASSOON → SASSOON

63. VO5 (美國)

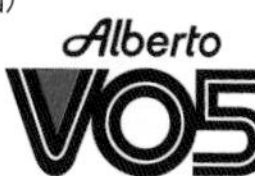
→ →

64. WELLA (德國)

→

→

65. Yves Rocher (法國)

→

→

66. unicharm (日本)

→

56. Suave: 1937年從美國以潤髮產品開始發跡，1970年代則被Unilever買下，定位為量販折扣商店品牌。

57. THALGO: 原意由Thalassa與Algue兩個字所組成：Thalassa是希臘文海洋之意，Algue則是法文的海藻。在總裁Jean-Claude Sirop領導之下，1966年於法國尼斯正式成立，同時宣告保養品邁入神秘海洋及生化科學的新領域。

58. THE BODY SHOP: 義大利裔的英國婦女Anita Roddick造訪舊金山灣區原有的THE BODY SHOP，回到英國後，也在Brighton小鎮開設同樣的商店，後來買下THE BODY SHOP品牌，發展成為跨國企業，開啟了化妝品業界注重環保、保護動物、獨鍾天然成分等返璞歸真主張的另類行銷方式。而使外表看來並不華貴的產品，增添了人文精神層面的主張與內涵。

59. Timotei: Unilever的洗髮精品牌，主要是含Timothy-grass貓尾草的成分，1970年代發售於瑞典，1983年引進到英國。

60. Unilever: 1929年英國香皂公司Lever Brothers與荷蘭人造奶油公司Margarine Unie合併，形成Unilever，擁有著名的Lux香皂，橫跨日用品與食品業，競爭對手是P&G，新形象是一堆小圖案結合而成U字，由Lowe LDB設計。

61. VICHY: 1931年Dr. Haller與Georges Guerin因感受到法國中南部的山區Vichy小城中Lucas溫泉的功效，於是將溫泉水加到保養品中，以小鎮之名命名的保養品牌VICHY薇姿就此誕生。

62. VIDAL SASSOON: 英國髮型設計師，14歲開始學美髮，1954年開設自己同名的美髮沙龍，移居美國後，將產品部售予Richardson-Vicks，爾後併入P&G，美髮沙龍則賣給Regis Corporation。

63. VO5: Alberto-Culver的美髮事業核心品牌，臺灣的代理商最初以音譯「美吾髮」銷售，後來結束VO5代理，以「美吾髮」自創品牌，公司名稱「美吾華」。

64. WELLA: 1880年Franz Stroher開始假髮事業，1920年代決定從事波浪髮型，以Wella為品牌（德文的Wave），標誌明顯與美髮有關，P&G買下多數股權。

65. Yves Rocher: 1959年Yves Rocher在自家的小閣樓裡，用提取自Lesser Celandine（稱為白屈菜的毛茛屬植物）的天然精華研製出第一個產品，可防敏感與增強抵抗力，環保自然的商品理念及平實的價格，有法國的THE BODY SHOP稱號。

66. unicharm: 1961年創業時名稱是「大成化工」，然後由建材跨入生理衛生產品，公司更名 Unicharm，Uni是Universal、Unique、United的三重涵意，主要產品有Moony滿意紙尿褲、ソフィ蘇菲衛生棉墊，U字新標誌傳達照顧與關愛。

歸納

- 單純使用文字標準字體為標誌者有41個，而以圖案加上字體有25個，僅使用字體為標誌之比例非常更高。
- 黑色系為主要顏色有23個之多，藍色系有13個，紅色系有10個。
- 品牌顏色多用黑色，亦呼應精品與服飾等流行產業，字體更精緻與現代，如Dove、Olay、Payot等。
- 精品型化妝品以法國與瑞士的品牌為主，強調獨立的店面或百貨專櫃，而法國 L'ORÉAL、美國P&G、荷蘭Unilever與日本Kao等大集團則掌握了多數的消費型品牌，採開架式行銷。

Health Care

Category 15

第十五類：醫藥保健業

涵蓋產銷疫苗、藥品、醫療器材、保健、健康食品、提供醫療資訊等事業，也包含承做醫療保險的公司、連鎖之藥局與藥妝店。

健康照護是與預防疾病、提升身心健康相關的所有服務，每一國家的醫藥保健總支出幾乎占去國內生產毛額的百分之10以上，而隨著高齡化社會的來臨，人人想活得更健康，醫藥保健中健康照護的需求更會不斷升高，現今生物科技與醫藥的結合，使得保健產品更是五花八門，搞得現代人不求食物均衡，倒是吞進多種的丸、錠、散。而為搶攻醫藥保健的市場大餅，各廠商無不積極的合縱連橫，擴大其競爭實力與強化專業形象。

1. Abbott (美國)

→

2. Actavis (冰島)

Pharmaco
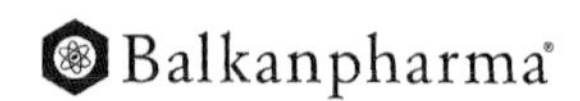

→

3. Aeterna Zentaris (加拿大)

→

4. Amersham (GE Healthcare) (英國)

→
Nycomed Amersham

→
Amersham

5. Alliance Boots (英國)

→

6. AmerisourceBergen (美國)

→
AmerisourceBergen

7. Ansell (澳洲)

PACIFIC·DUNLOP
→

→

8. astellas (日本)

→

9. AstraZeneca (英國)

→

→

10. Baxter (美國)

→

11. biogen idec (美國)

→

→
biogen idec

1. Abbott: 1888年由Wallace C. Abbott醫師創辦Abbott Alkaloidal開始，產品廣泛且多元，從預防與診斷到治療與照護，如HIV的血液檢驗、減重的諾美婷、糖尿病患營養補給的葡勝鈉等等。

2. Actavis: 原名為Pharmaco的藥品採購聯盟，從事基因藥物生產，2000年合併Balkanpharma後，成長迅速，2004年集團更名Actavis，A字標誌如新月。

3. Æterna Zentaris: 由加拿大Æterna Laboratories合併德國Zentaris，公司規模較小，強項在於腫瘤與內分泌系統的藥品。

4. Amersham（GE Healthcare）: 1940年Patrick Grove創立Amersham於英國，現公司是1997年時合併Nycomed Imaging與Pharmacia Biotech，於2004年被GE買下，成為GE Healthcare的一部分。

5. Alliance Boots: 老牌的英國藥妝店Boots與泛歐洲Alliance UniChem於2006年結合，名稱Alliance Boots，標誌呈現兩公司的連結，但隔年這一倫敦上市公司卻被AB Acquisitions（屬於KKR私募基金）買下，迅速下市。

6. AmerisourceBergen: 北美大型醫藥服務公司，於2001年由兩家藥品批發商AmeriSource Health與Bergen Brunswig合併，新標誌象徵藥品物流服務進入全新的時代，嘉惠生活。

7. Ansell: 1893年Dunlop橡膠於墨爾本開設分公司，1986年公司更名Pacific Dunlop，爾後逐漸賣掉輪胎事業，專注於生產保險套與醫事手套，2002年再改名為 Ansell。

8. astellas: 2005年由兩家日系大藥廠山之內製藥與藤澤藥品合併而成，「Astellas」是由原意為星星的拉丁文stella、希臘文aster及stellar而來，用以表示「胸懷大志的星星」、「先進前瞻的星星」之意。此名稱對最先進的醫藥品開發有所期待及為想獲得健康的人們帶來明天的希望。

9. AstraZeneca: 瑞典Astra AB與英國Zeneca Group PLC兩家著名的世界大藥廠於1999年合併，Zeneca原由ICI生技事業分離出來，新標誌狀AZ兩字似DNA的螺旋，放棄立體感的處理方式。

10. Baxter: 百特國際源起於1931年，公司成立原是銷售由Don Baxter所生產的容器，後來買下Baxter品牌，開發全世界第一部洗腎機，現專注於慢性病及重症治療領域。

11. biogen idec: 2003年美國麻州biogen與加州idec兩家生技公司合併，專長領域是神經失調、自體免疫性疾病、癌症等，標誌如一張病歷資料卡。

12. Bausch + Lomb (美國)

 →  → BAUSCH+LOMB

13. Bayer (德國)

 →  →  Bayer

14. BD (美國)

 → 

15. BIOVAIL(Valeant) (加拿大)

 →  → 

16. Boehringer Ingelheim (德國)

 →  → 

17. Boston Scientific (美國)

 → 

18. Bristol-Myers Squibb (美國)

  → 

19. Cardinal Health (美國)

 Cardinal Health → 

20. Celesio (德國)

 → 

21. Centocor Ortho Biotech (美國)

 →  centocor  →  Centocor Ortho Biotech Inc.

22. Centrum (美國)

 → 

12. Bausch & Lomb: 博士倫是眼睛保健公司，1853年由德國移民John Jacob Bausch創立光學眼鏡店，因資金不足而向Henry Lomb借貸了60美元，展開合夥關係。新形象由Bausch & Lomb變為Bausch + Lomb，旨在強化醫藥的專業。

13. Bayer: 1863年 Friedrich Bayer與合夥從事合成染料製造與銷售事業，拜耳的第一個商標圖案是隻獅子站在聖勞倫斯殉難的架子上，這個商標是根據德國愛伯福市（Elberfeld）的盾形紋章所設計，1904年結合獅子與拜耳十字，1912年總部移到萊沃庫森（Leverkusen），公司擴展每每因世界大戰而停滯，二次大戰後1951年重建，主要業務為醫療保健、作物科學及材料科技。

14. BD: Becton, Dickinson and Company於1897年創業，是生產和銷售醫療設備、醫療系統和試劑的醫療技術公司，1999年啟用新形象，帶給消費者希望與陽光。

15. BIOVAIL: 1983年Eugene Melnyk創立了Trimel醫藥期刊出版公司，1989年買下成立於1977年的BIOVAIL，致力於控制藥效釋放技術。已被美國Valeant合併。

16. Boehringer Ingelheim: 1885年Albert Boehringer博士創立於德國，一開始只是一家約有二十名僱員的小公司，在Ingelheim一個小廠用酒酵母生產酒石酸，之後發展為世界上最大的私有製藥企業 1924年開始以Ingelheim的皇宮造形為標誌。

17. Boston Scientific: 1979年John Abele與Pete Nicholas組建Boston Scientific，買下1965年成立的Medi-tech，再買下Guidant，現已是專注於微創傷介入治療領域內最大的醫療器械公司，新字體標講究文字間精確地嵌入。

18. Bristol-Myers Squibb: 1887年二位美國青年William McLaren Bristo和John Ripley Myers帶著夢想創建了直接向醫生銷售藥品的公司。而1858年E.R. Squibb成立了以自己名字命名的製藥公司。1989年兩家公司合併為Bristol-Myers Squibb，是治療癌症、心臟血管、傳染病和新陳代謝類綜合症等醫療領域的領導者。

19. Cardinal Health: Robert D. Walter於1971年開始食品批發生意，後來不斷發展，逐漸由食品批發業務拓展到藥品和醫療器械批發業務，新標誌如知更鳥的翅膀飛翔。

20. Celesio: 1835年Franz Ludwig Gehe開創同名的Gehe化學與染料公司，事業重心移轉到藥品經銷，2003年更名Celesio，便於以全球各種語言都能有相同的發音。

21. Centocor Ortho Biotech: Centocor生物科技製藥公司，擁有單株細胞抗體複製專業技術，即在免疫學上利用抗體以測試病毒，1998年治療類風濕關節炎的Remicade終於上市，1999年併入Johnson & Johnson，加速業績成長。2008年與Ortho Biotech合併，形成Centocor Ortho Biotech。

22. Centrum: 善存是American Cyanamid旗下Lederle的綜合維他命品牌，1994年被Wyeth買下，用彩虹來象徵涵括日常所需的全部維他命，但在臺灣因屬於藥品，售價昂貴。

23. CHIRON (美國)

→ CHIRON

24. Covidien (美國)

Healthcare

→ COVIDIEN

25. CVS/CAREMARK (美國)

→ CVS

→

→

26. Dainippon Sumitomo Pharma (日本)

→

DAINIPPON
SUMITOMO
PHARMA

27. Daiichi-Sankyo (日本)

→

28. elan (愛爾蘭)

→

29. Fresenius (德國)

→

30. GILEAD (美國)

→

31. GlaxoSmithKline (英國)

→ GlaxoWellcome

SmithKline Beckman → SmithKline Beecham

→

23. CHIRON: 1981年由三位教授創立，以希臘神話中半人馬喀戎（Chiron）為公司名稱，傳說喀戎擁有醫藥知識和治療的能力，是醫藥之神的老師。2006年CHIRON被Novartis收購為子公司。

24. Covidien: 製造集團Tyco於1994年整合旗下醫療保健事業成立Tyco Healthcare，爾後不斷成長，2007年成為獨立公司Covidien，新標誌是鏡射對稱的C與十字，由中心點向外發展。

25. CVS/CAREMARK: CVS/pharmacy原是名稱Melville公司的連鎖藥妝店品牌，1996年更名為CVS；Caremark於1992年從Baxter獨立出來，而HealthSouth成立的MedPartners買下Caremark，2000年MedPartners業務轉向藥品福利管理（PBM），更名Caremark Rx。2007年CVS/pharmacy與Caremark Rx合併成為CVS/CAREMARK。

26. Dainippon Sumitomo Pharma: 大日本製藥是源自1897年成立的大阪製藥，住友製藥是1984年由住友化學及稻田產業兩家公司的醫藥事業部合併而成；2005年大日本製藥與住友製藥合併成為「大日本住友製藥」，標誌結合光、花與綠色。

27. Daiichi-Sankyo: 第一製藥前身是アーセミン商會，三共源自1899年三共商店，2005年合併而成「第一三共」，圓形標誌象徵全球藥品公司，意涵為人類生命創新局的責任。

28. elan: Elan Corporation是愛爾蘭的生物製藥公司，研發治療阿茲海默症的中樞神經系統藥物，在美國與biogen idec合作，新標誌捨棄如軌道的線條，採用e字與lan的對比做視覺強調。

29. Fresenius: 源自1462年開始的Hirsch Pharmacy藥劑，1912年E. Fresenius博士創立公司，專注於透析治療領域與醫藥保健，德國公司轉變為歐洲股份公司（SE），新標誌以線條來呈現發展與F字形。

30. GILEAD: 1987年創立時名稱Oligogen，隔年公司成立更名Gilead Sciences，Gilead是聖經中提到的約旦河東方的山區，有種小樹產生樹脂可用來入藥，標誌中的樹葉象徵治療與成長。

31. GlaxoSmithKline: 簡稱GSK，1995年Burroughs Wellcome與Glaxo合併成Glaxo-Wellcome，1989年Beecham與 SmithKline Beckman合併成SmithKline Beecham，而GlaxoWellcome與SmithKline Beecham再合併為GSK，中譯「葛蘭素史克」，新標誌如藥錠，其中有gsk字樣。

32. GNC (美國)

→ GNC

33. Hisamitsu (日本)

→ Hisamitsu

34. HCA (美國)

COLUMBIA/HCA → HCA

Hospital Corporation of America

35. Humana (美國)

→

→

36. Janssen Pharmaceutica (比利時)

→

→

37. KAISER PERMANENTE (美國)

→

38. Eli Lilly (美國)

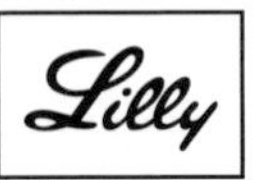

→

→

39. McKesson (美國)

→

→

40. medco (美國)

→

41. Mediceo Paltac (日本)

→

42. Merck (德國)

→ MERCK →

32. GNC: 1935年一家專門販售健康食品的小店Lackzoom成立，1960年代更名General Nutrition Centers，開始生產製造維他命、礦物質補充品、食品、飲料以及化妝品等，是最大的營養食品零售商。

33. Hisamitsu: 1847年久光仁平以「小松屋」為名稱創業，爾後改稱「久光製藥」，以治療酸痛的藥品撒隆巴斯（Salonpas）貼布聞名，最新標誌使用較粗字體求安定性，加入無限大的符號象徵追求無限的可能性。

34. HCA: 全名為Hospital Corporation of America 美國連鎖醫院公司，1968年由Jack C. Massey與Thomas Frist成立，1994年更名為Columbia/HCA，再改回HCA，被私募基金槓桿收購。

35. Humana: 1961年兩位年輕的肯德基州律師David A. Jones和Wendell發現了家庭護理需求的好機會，就開始創立了護理院，叫做Heritage House。1974年改名為Humana，逐漸發展成為連鎖醫院公司，轉型承保醫療保險計畫。

36. Janssen Pharmaceutica: 1934年Dr. Paul Janssen創立N.V. Produkten Richter，1953年更名為Janssen Pharmaceutica，專注於皮膚科治療的領域，1961年加入Johnson & Johnson集團，新標誌巧妙結合鹿頭與J字，同時象徵張開手臂的人。

37. KAISER PERMANENTE: 由Henry Kaiser成立於1945年，因二次世界大戰時期的經濟衰退和醫療服務問題，當時許多人因為被迫離職、換工作、或提前退休，而暫停或甚至失去健保。Kaiser實現了Garfield醫師建立的預付制健康保險計畫，目前擁有800多萬會員的整合醫療資源健康維護組織（HMO）。

38. Eli Lilly: 一名具藥師資格的美國內戰退伍軍人Eli Lilly上校於1876年成立，1923年發明第一個胰島素的產品，知名藥品如抗憂鬱症藥物百憂解及犀利士等，標誌為書寫式的Lilly字樣，新形象提升現代感，但改變不大。

39. McKesson: 1833年John McKesson和Charles Olcott兩人在紐約市的金融區開設了一家小的藥店，經營進口藥物的批發業務，1967年與Foremost乳品合併成Foremost-McKesson，1999年合併HBOC更名McKessonHBOC，2001年再改回McKesson，如今已是北美第一大的醫藥用品批發商。

40. medco: Medco Health Solutions為藥品福利管理（PBM）公司，2003年從美國Merck分離出來，之前稱為Merck-Medco Managed Care。

41. Mediceo Paltac: 1949年由水平整合的批發藥商Mediceo，進一步與化妝品、日用品雜貨批發商Pal-tac整併，2005年10月1日正式更名為Mediceo Paltac控股公司，標誌象徵人與人牽手共同協調而發展。

42. 德國Merck, EMD: 歷史可追溯到1668年Friedrich Jacob Merck擁有的Engel-Apotheke天使藥局，1816年Emanuel Merck接手後才逐漸設立藥廠，雄霸化學及製藥領域。

43. MERCK (美國)

→

→

44. NYCOMED (瑞士)

NYCOMED
→

45. Novartis (瑞士)

SANDOZ
→

NOVARTIS

46. novo nordisk (瑞典)

→

47. Organon (美國)

→

48. Panadol (美國)

→

→

49. Pfizer (美國)

→

→

50. Rexall (美國)

→

→

51. sanofi (法國)

→ sanofi~synthelabo

→

→

52. SCHERING (德國)

→

→

Bayer HealthCare
Bayer Schering Pharma

43. 美國Merck, MSD: 1891年成立美國Merck & Co，第一次世界大戰後德國Merck失去經營權，導致在美國和加拿大，Merck品牌歸美國Merck獨家使用，而在歐洲和世界其它各地，Merck品牌則由德國Merck獨家使用。但相對應的，美國Merck在北美之外的業務經營，須以Merck Sharp & Dohme或 MSD的名義進行，德國Merck在北美的業務則要以EMD（Emanuel Merck, Darmstadt首字母縮寫）的名義開展。

44. NYCOMED: 源起於1874年挪威Nyegaard & Co藥品代理商，1997年時分出診斷部門Nycomed Imaging，併入Amersham，治療醫藥事業於1999年成為新公司NYCOMED，更將總部移往瑞士，收購Altana的製藥部門。

45. Novartis: 1996年兩家在醫藥和生化界歷史悠久的公司Ciba-Geigy和Sandoz宣布合併成為Novartis。Novartis 源自於拉丁文 "novae artes"，其原意為 "new skills"（新技能、新科技）。以「生命之花」為其企業形象標誌。

46. novo nordisk: 成立於1989年，由丹麥兩家胰島素製造公司Novo Industri和Nordisk Gentofte合併形成，最早從牛胰臟提取胰島素，於是以埃及聖牛（Apis bull）為標誌。

47. Organon: 1923年由Saal van Zwanenberg博士創立Zwanenberg-Organon，製造胰島素，Organon的母公司KZO與Aku合併為Akzo，後來屬於Akzo Nobel，Organon於2007年被賣給Schering-Plough，隨著Schering-Plough被併入Merck。

48. Panadol: 普拿疼是GSK的退熱和止痛藥品牌，對乙酰氨基酚的成分效果顯著，但如服用高劑量卻可能造成肝臟損害。

49. Pfizer: 輝瑞大藥廠源自1849年Charles Pfizer and Company，生產抗生素聞名，近來因威而剛（Viagra）的上市，獲利驚人，得以併購Warner-Lambert、Pharmacia等公司，成為世界上最大的醫藥企業。

50. Rexall: 1902年Louis K. Liggett說服40家藥店組成United Drug Stores的合作組織，以Rexall為共同品牌，曾發展為最大連鎖藥局，卻以結束收場，1985年Sundown買下Rexall品牌製造維他命，2000年Royal Numico購入Rexall-Sundown，2003年賣給NBTY。但在加拿大Rexall連鎖藥局由Katz Group Canada經營，標誌有所不同。

51. sanofi aventis: 由Sanofi-Synthélabo與Aventis兩家公司於2004年合併成立，Sanofi-Synthélabo是由Total石油的Sanofi與L'Oréal的Synthélabo合併，Aventis則由Rhône-Poulenc與Hoechst合併。歐洲最大製藥公司，疫苗產量居世界之冠。2011年更名為SANOFI，換上希望之鳥的新形象。

52. SCHERING: 1851年Ernst Schering買下一家藥店改稱Grüne Apotheke，經過150餘年發展，成為避孕藥與腫瘤放射藥物著名公司，2006年底被Bayer合併，Schering AG正式改名為Bayer Schering Pharma AG。

53. Schering-Plough (美國)

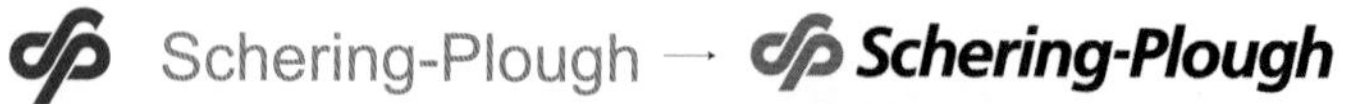

54. SHOPPERS DRUG MART (美國)

55. Superdrug (英國)

56. Takeda (日本)

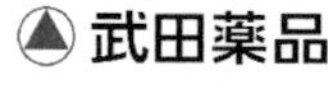

57. TSUMURA (日本)

58. Tylenol (美國)

59. Watson (美國)

60. WebMD (美國)

61. Wellmark (美國)

62. WellPoint (美國)

63. Wyeth (美國)

53. Schering-Plough: 19世紀末Schering成立美國分公司，二次世界大戰時被美國政府沒收資產暫管，再轉為民營企業；Plough由Abe Plough成立於1908年，1971年美國Schering與Plough合併為Schering-Plough，在生物技術和基因療法領域中是公認的領先者，以sp為標誌。被美國Merck合併。

54. SHOPPERS DRUG MART: 加拿大最大的連鎖藥局，由Murray Koffler繼承二家Koffler's Drugs藥房開始，1962年時連鎖達到17店，更名Shoppers Drug Mart，Koffler退休時將公司賣給Imperial Tobacco，2000年公司轉賣給包括KKR在內的一群投資者。

55. Superdrug: 1964年以Leading Supermarkets為公司名稱，1966年更名為Superdrug，1987年賣給Woolworth Holdings（現今Kingfisher），後來轉給荷蘭Kruidvat，跟著併入Watson's屈臣氏，使得Watson's成為世界最大的藥妝零售公司。

56. Takeda: 日本武田藥品可溯源自1781年近江屋長兵衛的漢和藥小賣生意，1925年以武田長兵衛商店開業，發展成為日本最大的製藥企業，日本國內品牌是タケダ或武田藥品，國外品牌則用Takeda。

57. TSUMURA: 津村於1893年開始販售中將湯，一直被視為婦科良藥，舊標誌是優雅的古典女性，新形象t字造形則如植物，訴求漢藥的創新與研發。

58. Tylenol: 1955年由McNeil Laboratories推出與普拿疼（Panadol）成分相同的退熱和止痛藥品，現屬於Johnson & Johnson，是北美同類藥品中銷售的第一名。

59. Watson: 1984年由兩位普渡大學藥學博士Allen Chao與David Hsia共同成立，趙博士來自臺灣，公司名稱華生取母親名字中的華（Hwa）字，而Watson音似Hwa's son，與藥妝店Watson's無關。

60. WebMD: 1996年成立的Healtheon合併WebMD形成Healtheon/WebMD，經營醫療產業的資訊網站與出版事業，有「醫療行業的microsoft」之稱，2008年其母公司HLTH Corporation也併入WebMD。

61. Wellmark: Blue Cross and Blue Shield藍十字與藍盾協會不是一家單獨的公司，而是很多公司結合的一個非營利的健康福利組織，每個地區的Blue Shield或Blue Cross保險公司都是獨立的，承保了全國約六千萬人，Blue Cross起源於1929年Dallas，Blue Shield起源於1939年California，兩者於1982年合併。Wellmark是該協會於愛荷華與南達科達兩州的授權公司。

62. WellPoint: WellPoint Health Networks成立於1992年，是藍十字與藍盾協會中最大的授權公司，2004年WellPoint Health Networks與Anthem合併，WellPoint從非營利轉變為營利的公司。

63. Wyeth: 1860年John Wyeth與弟弟Frank Wyeth兩藥師開設藥局創業，1907年成立American Home Products公司，2002年更名Wyeth，分離出家用品、食品，新名稱反映專注於醫藥保健的核心事業。

歸納

- 以圖案加上字體為標誌者有46個，似乎還是強調除字體外要多加圖案上去。
- 標誌為藍色系有20個，紅色系有9個，而混合顏色比例最多。
- 大藥廠通常保留傳統的形象，如：Johnson & Johnson、Lilly、Wyeth，而衍生出的品牌則傳達貼近消費者的新形象，如：Centrum、Tylenol等。
- 合併風也吹進醫藥保健業，新設計的概念比較脫出製藥形式，轉而強調願景，如早期的Novartis，近期的astellas、Daiichi-Sankyo、sanofi aventis等。

Sports

Category 16

第十六類：康體運動業

涵蓋各種體育、韻律、健身、登山等戶外活動、新興的極限運動的產品提供商，器材、球具、衣服、鞋類、保護配備，而提供場地的健身公司並未列入。

康體運動業的宗旨是不靠藥物，藉由各種運動而達到舒壓、強身健體的效果。有道「強國必先強身」，世界各大國無不積極發展體育，從奧運來表現國力可見一斑，運動員甚至將體育當作職業，收入極為可觀，所以能吸引運動選手如王建民到國外發展。而當進入高油價與節約能源的時代，腳踏車從沒落的傳統製造業翻身成為熱門的健康產業。

1. AAI (美國)

→

2. adidas (德國)

→

→

3. ADIO (美國)

→

4. AIRWALK (美國)

→

→

5. AMER SPORTS (芬蘭)

→

6. AND 1 (美國)

→

→

7. asics (日本)

→

→

8. ATOMIC (奧地利)

→

9. Babolat (法國)

→

10. Ben Hogan (美國)

12. berghaus (英國)

→

1. AAI: 公司名American Athletic Inc.，1954年創立總部位於愛荷華州的體育用品公司，專注於體操與啦啦隊用品，開發地板運動專用軟墊，2004年被Russell收購。

2. adidas: 愛迪達起源於Adolf "Adi" Dassler在1924年開始製作運動鞋，原本與哥哥Rudolf共同經營，1948年兩人分道揚鑣，Adolf公司名稱adidas，擴大意義為All Day I Dream About Sports，三條平行線條是愛迪達的特色，但其三角形標誌反被臺灣將門（Jump）控告，由於無誤認品牌之虞，2011年判決愛迪達勝訴。

3. ADIO: 1997年由退休的滑板手Chris Miller成立，產製年輕人熱愛的滑板鞋與服飾，後來被K2 Sports收購，2007年隨著K2 Sports併入Jarden。

4. AIRWALK: 1986年創立於美國賓州，最初是以滑板、衝浪及滑雪等所謂板類運動的專業衣、鞋而打響品牌。Airwalk不只是販賣運動鞋，而是倡導一種休閒、獨特與自信的個人與生活風格。現屬於Collective International旗下。

5. AMER SPORTS: 1950年Amer-Tupakka以銷售香菸開始，再擴及印刷、汽車工業，1986年建立運動部門，公司新名稱Amer Sports，標誌狀似風帆。

6. AND 1: 1993年三位賓州大學的學生合作創業，AND 1為籃球術語，指進攻得分對方犯規加罰一球，公司名稱The basketball Marketing，標誌是沒有五官的The Player，傳達無種族分別的籃球員形象。

7. asics: 1949年成立於日本的鬼塚株式會社以Onitsuka Tiger打響名號，1977年公司更名ASICS，源自拉丁文"anima sana in corpore sano"，寓意健康的身體寓於健全的心理，新標誌為躍動與能量的a字，搭配的字體也從Saul Bass所設計的粗壯圓潤變更為輕盈而有速度感。

8. ATOMIC: 1955 年由Alois Rohrmoser創立於奧地利的滑雪設備公司，名稱就夠強勁，但近來業績受暖冬的影響很大，被AMER SPORTS併購。

9. Babolat: 1874年網球運動發明後，隔年Pierre Babolat以牛腸子來作網球拍線，直到1994年才生產網球拍，拍面線上會呈現兩道粗線條的形式，與標誌上的線條呼應。

10. Ben Hogan: 美國最偉大的高爾夫選手於1953年成立同名公司，1960賣給AMF，後來2004年Callaway Golf買下Ben Hogan品牌，標誌又回到簽名形式。

11. berghaus: 1966年，兩個熱衷於登山運動的年輕人Peter Lockey和Gordon Davison在英國東北開設一家登山用品專賣店LD Mountain Centre，爾後研發自己的產品，以berghaus為品牌，因最好的戶外用品大多來自德國，才刻意取一個德國名稱。

12. BIKE (美國)

13. Billabong (澳洲)

14. Brooks (美國)

15. Brunswick (美國)

16. cannondale (美國)

17. Callaway Golf (美國)

18. Capezio (美國)

19. Cleveland Golf (美國)

20. catalina (美國)

21. converse (美國)

22. DAKINE (美國)

12. BIKE: 公司名稱Bike Athletic，因1874年發明腳踏車運動專用的保護丁字褲，才有此與腳踏車相同的公司名稱，現專注於運動護具生產，被Russell Athletic併購。

13. Billabong: 澳洲英語指的是牛軛形小湖泊，1973年Gordon Merchant於黃金海岸開始生產衝浪褲，標誌被不斷修改，似乎不想完成最終版本。

14. Brooks: Brooks Sports是1914成立的私有公司，生產高性能運動鞋和服裝等運動產品，Brooks的品牌名是創辦人Morris Goldenberg為紀念他妻子Bruchs而新造的英文名。

15. Brunswick: 歷史悠久的休閒健身公司，1845年由John Moses Brunswick創立，原本要做馬車後來改生產撞球台，公司歷經多次的合併，進入保齡球、遊艇、健身器材等事業領域。

16. cannondale: 1971年創立時生產自行車拖車，1984年才生產自行車，成為知名品牌，轉進生產摩托車，2003年卻宣告破產，賣給Pegasus Capital Advisors，又被轉賣給Dorel Industries。

17. Callaway Golf: 目前全世界最大的球具製造商，1984年Ely Callaway Jr.買下一家專門製造挖起桿及推桿的Hickory Stick，成立爾後的Callaway Golf，尚擁有Odyssey、Top-Flite等品牌。

18. Capezio: 美國著名舞鞋品牌，始於1887年Salvatore Capezio在聖彼得堡歌劇院的對面修理劇場鞋，五年之後，他成為歌劇院的指定製鞋師，以Capezio為品牌，現在屬於Ballet Makers公司。

19. Cleveland Golf: Roger Cleveland從1979年開始複製經典高爾夫球桿，2005年賣給Quiksilver，爾後再轉賣給日本SRI Sports，隸屬於住友橡膠工業集團。

20. catalina: Catalina Swimwear起源於1907年的小內衣針織廠Bentz Knitting Mills，1993年與Cole of California加入Warnaco Group，剛轉賣給In Mocean Group。

21. converse: Marquis M. Converse創建了一家專門生產運動鞋的公司，並以自己的姓氏命名，轉捩點是All Star帆布鞋的誕生，1970年代因競爭者加入，失去NBA指定籃球鞋地位，2003年被Nike買下。

22. DAKINE: 極限運動用品公司，由 Rob Kaplan於1979年生產Da Kine品牌之衝浪聯接繩開始，Da Kine是夏威夷英語the kind，意寓最好的那種品牌。

23. DIADORA (義大利)

24. EASTON (美國)

25. etnies (美國)

26. Etonic (美國)

27. FILA (韓國)

28. FootJoy (美國)

29. GIANT捷安特 (臺灣)

30. Gola (英國)

31. JERZEES (美國)

32. HEAD (荷蘭)

33. K-SWISS (美國)

23. DIADORA: 始創於1948年，名稱源於古希臘的一個城鎮，原意是「憑藉才能、天賦」及「分享禮物與榮耀」，1998年與invicta合併，成立DIADORA-INVICTA集團。

24. EASTON: James D. Easton於1922年開始生產木製弓箭，再開發以鋁來製箭、製球棒，現又進入自行車行業，標誌更新為爆炸的E字圖形。

25. etnies: 原名Etnics，1986年法國公司Rautureau Apple與法國滑板手Alain "Platoon" Montagnet合作，為歐洲滑板和衝浪運動市場推出了Etnics耐用鞋系列產品，但與Etonic太相似，才更名為Etnies。但後來Pierre André Senizergues創建Etnies美國公司，於1996年收購Etnies品牌，成立Sole Technology。

26. Etonic: 著名的高爾夫球鞋品牌，1876年Charles A. Eaton開設同名製鞋工廠，1945年才生產高爾夫球鞋、跑鞋，1976年更名Etonic，近來又開發保齡球鞋。

27. FILA: 1911年由Fila兄弟創設紡織公司，累積數十年經驗於70年代開始跨入運動類產品，開發出網球專用棉衫，建築師Sergio Privitera則以代表了地中海的陽光及海洋的紅、藍兩色，設計出F字標誌。2007年由韓國Fila買下Fila的全球品牌。

28. FootJoy: 溯源自1857年Burt and Packard製鞋公司，後來改名Field and Flint，推出FootJoy品牌高爾夫球鞋，現是美國PGA公開賽的首選用鞋，屬於Fortune Brands下Acushnet公司。

29. GIANT 捷安特: 1972年巨大機械開始自行車代工，初期業績不理想，再接再厲拿到Schwinn的訂單，1981年創立自有品牌GIANT，從一個大甲鎮的小工廠，發展為全球自行車的領導品牌。

30. Gola: 運動專用鞋的始祖，1905年創立，以Goal的重組字Gola為品牌，更新標誌字形與圖案卻未能反映出英國設計之水準，只能再回復古典的字體。

31. JERZEES: 1983年Russel推出以JERZEES品牌的平價運動服飾jersey球衣，是平價卻有高知名度的特例。

32. HEAD: 1950年Howard Head創辦HEAD Ski Company，生產金屬覆膜滑雪板與加大尺寸網球拍，1996年由瑞典裔英國人Johan Eliasch買下，現總部設於荷蘭。

33. K-SWISS: 1966年由兩位移民到美國的瑞士兄弟所創辦，推出全皮質的網球鞋，1986年Steve Nichols買下了K-Swiss，K-Swiss的產品設計皆可見到經典的五條平行線條或者是盾牌標誌。

34. Keds (美國)

→ keds →

35. KELME (西班牙)

→

→

36. Kona (美國)

→

→

37. LACOSTE (法國)

→

38. LA Gear (美國)

→

→

39. le coq sportif (法國)

→ le coq sportif →

40. lotto (義大利)

→

→

41. LUHTA (芬蘭)

→

42. MacGregor (美國)

→ MacGregor

43. Merida (臺灣)

→

→

44. MERRELL (美國)

→

→ MERRELL

34. Keds: 1916年由美國橡膠公司The U.S. Rubber Company創立，是專為運動和生活而設的鞋類品牌，更研製了第一雙橡膠底的帆布鞋（sneakers），現屬於Stride Rite。

35. KELME: 1963年Quiles兄弟在西班牙創業生產足球運動相關產品，1977年推出KELME品牌，使用「爪」這個國際化標誌，好的足球鞋必須非常合腳，才能更好地控制球，並有更好的抓地力，充分符合了「爪子」的形象。

36. Kona: 1998年由Jacob Heilbron, Dan Gerhard與著名山地自行車手Joe Murray共同創設KONA，以往大多是以製造XC環道大賽硬尾車款為主，不過自從車手John Cowan使用此品牌的MTB後聲名大噪，KONA就漸漸成為了競技表演者的最愛。

37. LACOSTE: René Lacoste是曾贏得法國和英國公開賽的網球高手，由於在球場上緊咬對手不放的球風，得到了「鱷魚」的稱號。1933年Lacoste與紡織商人André Gillier開設公司，為Lacoste生產繡著鱷魚標誌的Polo衫。迄今已由最初的針織服裝發展至多產品系列，容易與香港Crocodile服飾品牌的標誌混淆。

38. LA Gear: 1979年Robert Greenberg開始輪鞋的事業，品牌的靈感則來自運動鞋和洛杉磯自由開放的生活型態，到90年代初因經營困難而被收購，現以復古的定位再度重返市場。

39. le coq sportif: 1882年Emile Camuset以公雞為標誌創立Bonneterie Sportive Romillonne，1945年正式註冊le coq sportif品牌，勇敢的小公雞反映出法國民族的精神和傳統，而三角形標誌則象徵溫馨的親情。

40. lotto: 1973年Caberlotto家族創立於義大利，生產足球與網球兩大項目的鞋類與服飾產品，1999年公司被收購，更名Lotto Sport Italia，標誌採取漸進的變化。

41. LUHTA: 1097年由Luhtanen家族創業的戶外運動品牌，發展成為北歐最大最著名專業運動服裝生產商L-Fashion Group。

42. MacGregor: 由Crawford、MacGregor and Canby創設公司開始生產高爾夫木桿，Edward Canby買下公司註冊J. MacGregor品牌，1930年代更名為MacGregor Golf，1999年被私募基金The Parkside Group併購。

43. Merida: 1972年成立「美利達工業」專注於高級自行車的研發與生產，1980年代與英商TI RALEIGH公司合作，以「來禮」品牌自行車行銷國內市場，90年代改用自有品牌Merida。

44. MERRELL: 1981年Randy Merrell開始訂製登山靴生意，產品線擴及所有戶外運動多功能鞋款，1997年被Wolverine World Wide所併購。

45. Mikasa (日本)

→

46. mitre (英國)

→

47. Mizuno (日本)

→

→

48. MoonStar (日本)

→

→

49. Nike (美國)

→

→

50. Nitro (美國)

→

51. O'Neill (美國)

→

→

52. Penn (美國)

→

53. Pinnacle (美國)

→

→

54. PUMA (德國)

→

→

55. Reebok (英國)

→

→

45 Mikasa: 1917年成立增田ゴム工業所，後來改稱明星ゴム工業，以Mikasa為品牌產製世界一流的排球，標誌中出現星星呼應公司名稱，但隨著品牌知名度提升公司也更名為Mikasa。

46. mitre: 最老的足球品牌，於1817年由Benjamin Crook成立製革廠，1863年開始生產足球、橄欖球，新標誌將文字與球的飛行結合。

47. Mizuno: 1906年水野兄弟商會開業於大阪，進口體育用品，後來因出生地在歧阜縣美濃，公司更名「美津濃」（Mizuno）就是由水野的羅馬拼音mizuno和美濃的漢字所構成的，新標誌呈現宇宙星球的軌道與躍動感。

48. MoonStar: 1873年生產日本足袋，1912年開始以月星為品牌生產布鞋，現社名與品牌統一為MoonStar，運動鞋品牌名稱SuperStar。

49. Nike: 1967年Blue Ribbon Sports公司代銷Onitsuka Tiger的運動鞋，1971年以勝利女神Nike為名，設計自有品牌，隔年推出Nike "Moon Shoe"產品，現Nike的Swoosh滑動標誌已成為運動的象徵。

50. Nitro Snowboards: 1990年成立的滑雪板用品公司，生產所有單板滑雪的配備，設計於西雅圖，而製造於奧地利。

51. O'Neill: 1952年Jack O'Neill於南加洲開設Surf Shop開始，開發Wetsuit緊身潛水衣，與愛爾蘭O'Neills無關。

52. Penn: 1910年賓西法尼亞橡膠公司建立的品牌，1922年起使用易開罐裝黃色螢光網球，是ATP國際職業網球聯合會自1994年以來的指定比賽用球製造商，1999年時賣給Head。

53. Pinnacle: Pinnacle Golf 現屬於Fortune Brands旗下的Acushnet公司，原以雙三角形來象徵速度與品質，新標誌強化小白球的飛行感。

54. PUMA: 1948年Rudolf Dassler與弟弟分道揚鑣另成立了PUMA公司，以美洲豹為標誌，也成了adidas最大的競爭對手，2007年PPR取得多數股份。

55. Reebok: 1895年以Mercury Sports 為公司名稱創立於英國，1958年更名為Reebok，品牌名源自於南非荷蘭語，本義是南部非洲一種短角羚，它體態輕盈，擅長奔跑。已被adidas收購，新標誌單純中帶些復古風。

56. Reef (美國)

→

57. Rossignol (法國)

→

→

58. rukka (芬蘭)

→

59. RUSSELL ATHLETIC (美國)

→

RUSSELL ATHLETIC

→

60. Salomon (法國)

→

→

SALOMON

61. SAUCONY(美國)

→

→

62. SHIMANO (日本)

→

63. Schwinn (美國)

→

SCHWINN

→

64. SKECHERS (美國)

→

→

65. Slazenger (英國)

→

→

66. SPALDING (美國)

→

→

56. Reef: 衝浪用具品牌，最早是兩個阿根廷兄弟開始的海灘拖鞋店，1984年移居到聖地牙哥創立Reef，傳遞消費者悠閒輕鬆且最酷的海灘文化與生活態度，標誌如雙腳站立於衝浪板之上。

57. Rossignol: Skis Rossignol是1907年擁有紡織業背景的Abel Rossignol開創於法國的滑雪器材公司，被Quiksilver買下，新標誌一如雪板滑出的線條。

58. rukka: 由Roger Störling成立AB Sports-bekladnad Urheiluvaatetus Oy於1981年，為了簡化和規範品牌名稱，公司更名為RUKKA Oy，並啟用新的標識。公司在原有標識的基礎上添加旗幟標記，logo之旗幟圖形源自航海，旗幟標識取材於芬蘭的國旗旗面上的十字，基本色取材於極光的主色白、紅、藍、黃。彰顯了芬蘭的原產地文化，這也是受芬蘭國內自主品牌意識崛起影響的結果。

59. RUSSELL ATHLETIC: 成立於1902年，以RUSSELL為名的運動服飾品牌受美國各學院裡的年輕人所喜愛 不但是很多學院的校服採用的牌子，也是美國很熱門的橄欖球聯盟常用的品牌，現已發展為全方位的體育用品公司，2006年被Berkshire Hathaway併購。

60. Salomon: 1947年由Salomon一家三人創建於法國，最初以生產滑雪板固定器binding起家，1997年併入adidas，公司稱為adidas-salomon集團，現被賣出給Amer Sports。

61. SAUCONY: 創立於1898年，名稱來自Saucony河，1968年被俄國移民Abraham Hyde買下，在美國有「運動鞋中的勞斯萊斯」之美譽，被Stride Rite併購，圖形標誌象徵流動的河而三個白點是河中的石頭。

62. SHIMANO: 1921年由Shozaburo Shimano成立「島野鐵工所」於日本大阪，以自行車零件聞名，所生產的變速器更是知名自行車必備，也生產車鞋、滑雪板等體育用品。

63. Schwinn: 1895年Ignaz Schwinn創立Arnold, Schwinn & Company，50年代曾被喻為「腳踏車界的凱迪拉克」，歷經多次破產與重組，現在屬於Dorel Industries，初期如Bayer的標誌，後來轉變為十字星。

64. SKECHERS: 1992年原創立LA Gear的Robert Greenberg離開，另創Skechers品牌，Skechers為美國加州的俚語，意思是「坐不住的年輕人」，代表著追求時尚、個性張揚的年輕族群。推出類似Dr. Martens的男生靴子，也擴展女鞋、服飾。

65. Slazenger: 1804年從製傘業開始，1881年生產網球，1959年賣給Dunlop Sports，2004年則被Sports World International買下，但亞洲與太平洋區的品牌權屬於Pacific Brands，黑豹標誌的線條更趨單純。

66. Spalding: 1876年Albert Spalding研發製成第一個大聯盟認定的比賽用棒球；籃球運動發明後，於1894年製造出世界上第一顆籃球，後來成為籃球的代名詞，2003年被Russell收購。

67. speedo (英國)

→

→

68. STX (美國)

→ →

69. TaylorMade (美國)

→

70. Top-Flite (美國)

→

→

71. TREK (美國)

→

72. Tyrolia (美國)

→

→

73. UMBRO (英國)

→

→

74. Vans (美國)

→

→

75. Voit (墨西哥)

→ →

76. WORTH (美國)

→

77. YONEX (日本)

→

→

67. speedo: 著名的泳衣製造商，1914年由做絲襪的Alexander MacRae成立McRae Hosiery manufacturers生產泳裝，1928年使用speedo品牌，高科技泳衣更是世界游泳名將最愛，現屬於英國Pentland Group，其箭頭標誌之力道不亞於nike。

68. STX: 長柄曲棍球（lacrosse）是加拿大的國球，而STX是球棍（sticks）的縮稱。公司於1970年創立，做出第一枝合成橡膠球棍，屬於Wm. T. Burnett & Co.。

69. TaylorMade: 1979年由Gary Adams成立，其生產的高爾夫開球木桿號稱世界第一，1997年被adidas收購，公司更名TaylorMade-adidas Golf，新標誌改為開球桿頭的造形。

70. Top Flite: 1895年Spalding製造高爾夫球，1971年推出Top Flite品牌，2003年被Callaway Golf併購，最新形象塑造TF結合的標誌。

71. TREK: Trek Bicycle在1976年時創立於紅色的農舍中，用手工製造鋼質車架，現已是美國最大的自行車公司，贊助Lance Armstrong奪得七次環法自行車賽冠軍，新標誌為延伸的道路。

72. Tyrolia: 1847年維也納的Schwechat公司生產金屬與扣環，後來開發滑雪板固定器，1947年以Tyrolia為品牌，現加入Head集團。

73. UMBRO: 1920年於曼徹斯特Wilmslow創辦，當時名為Humphrey Brothers Clothing，Umbro是 Humphrey Brothers 的縮寫，菱形標誌則承繼歷史造形。

74. Vans: 1966 Paul Van Doren和三位合夥人一同成立了Van Doren橡膠公司，在加州Abaheim開設首間出售他們產品的專門店，80年代初期Vans跨界到其他體育運動鞋，錯誤的策略導致破產，以滑板鞋再出發，又與LV創作總監合作設計高級時尚精品。

75. Voit: 由William J. Voit創立於1922年，1959年轉而將總部設於墨西哥，新圖案標誌是由雙V形成的火焰，與中國大陸的VOIT沃特無關。

76. WORTH: 1912年George Sharp Lannom, Jr從事皮革馬具開始，1921年推出WORTH品牌棒球用具，2004年被K2併購，現都屬於Jarden。

77. YONEX: 米山稔於1946年創立「米山木工所」，1970年代以前主力產品都是羽球拍，是羽球運動的霸主，現擴及網球與高爾夫產品，yy標誌源自姓氏米山YoneYama。

歸納

- 單純使用文字標準字體為標誌者只有17個，而以圖案加上字體有60個。
- 黑色系為主要顏色有30個之多，紅色系配黑色有13個，紅色系有9個，藍色系有8個。
- 圖案之造形常使用呈現速度感的箭頭、直條、弧線，與象徵光芒榮耀的星星。
- 復古風大行其道，例如ascis再推出Onitsuka Tiger限量版、addidas再發行original系列，K-SWISS、Vans更將標誌回復到舊形象，試圖重振過往的傳統與榮耀。

Media

Category

17

第十七類：傳播媒體業

所謂傳播媒體，指資訊信息的傳遞過程中，從傳播者到接收者間運載資訊的所有工具，有印刷與電子媒體兩大形式分類，又包含聲音的收錄與複製、影音的廣播、電影、網路、行動電話、印刷與電子遊樂器等媒體。在資訊爆炸的時代中，過多似是而非的信息反而造成現代人心理上矛盾與衝突的性格。

本章所談之傳播媒體業包括廣播、電視、電影之製片與發行，報紙、書刊、雜誌出版，音樂出版，印刷、網路、廣告公司等；大部分的行動電話業者不再介紹。

1. 20th Century Fox (美國)

2. ABC (澳洲)

3. ARD (德國)

ARD①
Das Erste①

4. AUSTAR (澳洲)

5. BBC (英國)

6. BBDO (美國)

B
B
D
O

7. BET (美國)

8. Bertelsmann (德國)

Bertelsmann

9. Canwest (加拿大)

10. CARTOON NETWORK (美國)

11. CBC (加拿大)

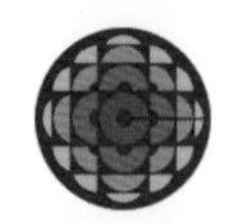

CBC Television

1. 20th Century Fox: 1935年Twentieth Century Pictures與Fox Film合併成為20th Century Fox，1985年起隸屬於News Corporation，標誌是在每部公司出版的電影開場都會出現斗大的「20世紀」，以及數道來回照射夜空的光芒。

2. ABC: Australian Broadcasting Corporation澳大利亞廣播公司，前身是澳大利亞廣播委員會，於1932年開始運作，1975年啟用像DNA的波長標誌，名稱容易與美國國家廣播公司ABC混淆。

3. ARD 1: ARD德國廣播電視聯合會，由九個州立廣播公司與德國之聲聯合組成，而德國第一電視臺（Das Erste）是其合作製播的電視臺。

4. AUSTAR: Austar United Communications創立於1995年，以Austar品牌之付費電視為核心事業，並提供行動電話、寬頻網路、衛星電視等服務。

5. BBC: 1927年英國廣播公司獲得皇家特許狀開始經營國家廣播電臺，之後BBC One是英國第一間電視臺。

6. BBDO: 1928年由 BDO（Barton, Durstine & Osborn）與Batten合併成為BBDO，是Omnicom集團中最大的全資子公司，在臺灣為BBDO黃禾廣告。

7. BET: Black Entertainment Television由黑人企業家Robert L. Johnson於1980年創立，致力黑人文化的傳播，爾後公司更名為BET Networks，現屬於Viacom，新標誌提高了辨識度。

8. Bertelsmann: 德國媒體巨無霸集團，1835年由Alois Rohrmoser創建了C. Bertelsmann Verlag，主要出版神學書刊，二戰時出版官方納粹的書籍，但由於公司被控告非法獲取紙張，於1944年關閉，1945年因英軍轟炸，大部分設施被摧毀，1947年由Mohn家族第五代重建，仍是私人擁有的公司。

9. Canwest: 1974年Israel H. Asper創立Canwest Capital，隔年CKND-TV開播，1977年成為Global Communications最大股東，形成Canwest Global Communications集團，以Canwest為總品牌，蜂巢圖形的標誌中隱約可見C字。2009年底公司破產。

10. CARTOON NETWORK: 1992年Turner Broadcasting成立的一個專門播放動畫的有線電視頻道，新的Cartoon Network標誌於2004年開始使用，單純CN兩字如積木塊，更契合孩童的味道。2010再度更新標誌，轉而規矩一些。

11. CBC: Canadian Broadcasting Corporation為加拿大官方擁有的廣播公司，1936年開播，擁有全國性的電臺、電視網路。現行標誌源於1974年由外向中心C字集中的形象，經修正保持原有精神。

12. CBS (美國)

→

→

13. cinemax (美國)

→

→

14. CNBC (美國)

→

→

15. DDB (美國)

DDB
→

→

16. dentsu (日本)

→

17. Discovery Channel (美國)

→

→

18. Disney Channel (美國)

→

→

19. DW (德國)

→

→

20. DirecTV (美國)

→
DIRECTV
→

21. DRAFTFCB (美國)

DRAFT

→

22. DR (丹麥)

→

→

12. CBS: Columbia Broadcasting System起源於1927年，公司因哥倫比亞留聲機製造公司而有Columbia名稱，1974年更名CBS，著名的眼睛標誌於1951年由William Golden發想，直到2007年字體有了新穎的造形，但只是曇花一現。

13. cinemax: 原cinemax是HBO成立的一個專門播放電影的有線電視頻道，後來強化暴力與成人電影，成為多元的頻道網cinemax，而Cinemax亞洲並沒有播放成人節目。一度改稱為max，但是很快地變更回cinemax。

14. CNBC: 原名Consumer News and Business Channel，由Cablevision與NBC於1989年成立的全球性財經有線電視衛星新聞台，1991年與FNN合併，現今只使用CNBC的縮寫與NBC的標誌。

15. DDB: 全球性的廣告公司成立於1949年，1986年Needham Harper Worldwide合併為DDB Needham Worldwide，現屬於Omnicom Group，新形象凸顯明確而強烈向上發展的定位，象徵靈感與亮點。

16. dentsu: 日本最大的廣告公司，源起於1907年日本電報通信社合併日本廣告，後來轉售新聞通訊部門，專營廣告代理，1955年更名為「電通」，新形象為極簡的字體標誌。

17. Discovery Channel: 探索頻道是1985年成立的Discovery Communications所開播的頻道，以流行科學、機械、科技新知等紀錄片為主。

18. Disney Channel: 迪士尼頻道是1983年Walt Disney開播的有線電視頻道 1998年迪士尼頻道換上全新的面貌，捨棄在名稱中的"The"，卡通節目減少而增加原創影集。

19. DW: 依德國公法設立的國際化媒體Deutsche Welle 德國之聲，成立於1953年，1963年加入ARD，主要任務是有關德國、歐盟及國際的時事新聞與德國文化報導。2012年剛啟用兩個重疊圓圈的新形象，彰顯出跨國際的品牌。

20. DirecTV: 1994年Hughes Electronics開始世界上第一個高功率的直播衛星服務，2003年賣給News Corporation，剛轉售給Liberty Media，新標誌強化光影的效果。

21. DRAFTFCB: 2006年由歷史悠久的廣告公司FCB與直效行銷Draft合併，現屬於IPG，在臺灣為博達華商廣告。

22. DR: Danish Broadcasting Corporation源自1925年，起初名為Radioordningen，隔年更名Statsradiofonien，1959年名稱Danmarks Radio，後來稱為DR，是丹麥最大的電子媒體，仍維持較傳統的形象。

23. DreamWorks SKG (美國)

→

→

24. EMI (英國)

→

25. encore (美國)

→

→

26. Euro RSCG (美國)

→

→

27. Fuji Television (日本)

→

28. GANNETT (美國)

→

→

29. Global (加拿大)

→

→

30. The Globe and Mail (加拿大)

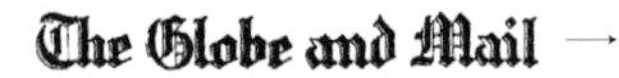

→
THE GLOBE AND MAIL
→

31. GREY (美國)

→

→

32. Guardian Media Group (英國)

→

33. HAVAS (法國)

→

23. DreamWorks SKG: 夢工廠創立於1994年，S代表Spielberg，K代表Katzenberg，而G則是Geffen，多部電影獲得奧斯卡獎，動畫電影更是大賣，將動畫部門獨立出來後，電影部門於2005年賣給Viacom。

24. EMI: 1931年原名Electric and Musical Industries，由Columbia Graphophone和Gramophone合併而成，是跨國的音樂製作及唱片公司，擁有Angel, Capitol, Blue Note等品牌，2007年被英國私募基金Terra Firma所併購。

25. encore: Starz Entertainment，1991年推出付費頻道Encore經典電影，1994年再推出Starz，Encore已成為多頻道的電視網，爆炸的光芒一直是標誌中的重點。

26. Euro RSCG: Havas Conseil於1975年更名Eurocom，1991年併購RSCG成立Euro RSCG，而Eurocom Advertising更名Havas Advertising，屬於Havas集團。

27. Fuji Television: 1957年創立時為第8頻道，標誌8，1986年改用「眼珠標誌」，頗有從日本看見世界的意念，富士電視臺也是日本最大的媒體集團富士產經集團的核心企業。

28. GANNETT: 逾百年歷史的美國最大報業集團，換掉著名的G字地球標誌，改用純文字的字體標誌，宣告全面進入新媒體時代，最具代表的報紙是USA Today。

29. Global: Global Television Network加拿大環球電視，1974年結合六個發射站開播，1977年Canwest成為Global Communications最大股東，新標誌為強有力的箭簇。與同名的印尼Global TV無關。

30. The Globe and Mail: 1936年The Globe和The Mail and Empire兩報合併，現今是加拿大第二大日報，2001年與CTV合併成Bell Globemedia，再改稱CTVglobemedia。

31. GREY: Larry Valenstein和 Arthur Fatt於1917年創立Grey Studios，主要客戶為P&G，Grey Global Group從2005年起隸屬於WPP Group，再更名為Grey Group。

32. Guardian Media Group: 1907年Charles P. Scott買下創辦於1821年的Manchester Guardian，再買下其他報紙，1993年形成Guardian Media Group，標誌反映在電臺、印刷的多角化經營。

33. HAVAS: Charles Havas成立全球第一家通訊社，1940年德軍入侵時被佔據，1944年在原址成立現在的AFP法新社，而廣告業務則在1968年成為Havas Conseil，演變為今日的Havas Group。

34. Hakuhodo DY holdings (日本)

HAKUHODO
DAIKO YOMIKO
→
HAKUHODO
Hakuhodo DY holdings

35. HBO (美國)

→

→

36. Hearst (美國)

→
HEARST corporation

37. IPG (美國)

→

38. itv (英國)

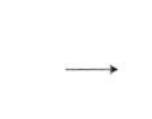

39. JWT (美國)

→

40. Leo Burnett (美國)

→

→
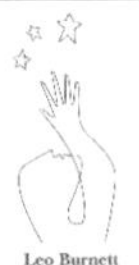

41. Liberty Global (美國)

→

42. Lifetime (美國)

→
myLifetime℠
→

43. MGM (美國)

→

→

44. NBC (美國)

→

→

34. Hakuhodo DY holdings: Hakuhodo博報堂是日本第二大廣告公司，1895年創業時博報堂只是代理教育雜誌廣告的經銷商，1924年正式成立公司內外通信社博報堂，2003年與Daiko大廣、Yomiko讀賣廣告社合組 Hakuhodo DY Holdings。

35. HBO: 由Charles Dolan推介「綠色頻道」的方案給Time Life高層，依據這方案1972年Home Box Office開播，由於HBO是收費電視服務，所以不播放商業廣告，發展出一系列高素質的原創電視電影節目，尤其近年的慾望城市更創收視高峰。

36. Hearst: 出版界巨擘，事業始於1887年，由報業大亨William Randolph Hearst在San Francisco Examiner的發行人欄中填上名字，現擁有數十種報紙，並出版Cosmopolitan、Esquire、Seventeen等著名時尚雜誌。

37. IPG: 1960年在Marion Harper Jr.帶領下成立管理McCann-Erikson和McCann-Marschalk等公司的Interpublic Group of Company，再併入Draftfcb, Lowe & Partners Worldwide等，現以IPG為標誌。

38. itv: 1955年由15個獨立營運商組成Independent Television，2004年Carlton Communications和Granada合併成itv plc，擁有其中11個營運商，其他4個則各自有獨立的識別標誌。

39. JWT: 1877年 James Walter Thompson買下成立於1864年全球第一家廣告公司Carlton and Smith，形成日後的J. Walter Thompson公司，2005年時更名為JWT，是WPP集團旗下主要公司。

40. Leo Burnett: 1935年由Leo Burnett創業，以伸手摘星為標誌，2002年被Publicis Groupe收購，新形象則有如畢卡索的手繪線條，多些人文氣息。

41. LibertyGlobal: UnitedGlobalCom和從Liberty Media分出的Liberty Media International於2005年合併成為LibertyGlobal，負責美國以外的有線電視與寬頻服務。

42. Lifetime: Lifetime Television於1984年由Daytime network和Cable Health Network合併，以女性節目為主的有線電視，屬於Lifetime Entertainment Services，形象以手寫字體轉趨活潑。

43. MGM: 1924年Marcus Loew買下三家製片公司合併為Metro-Goldwyn-Mayer米高梅，沿用原Goldwyn的Leo獅子標誌，1968年曾經使用壽命非常短的造形標誌，1981年合併United Artists形成MGM/UA，2005年賣給Sony和私募基金業者。MGM Mirage則是另一博奕事業。

44. NBC: 在RCA的主導下National Broadcasting Company成立於1926年，NBC Blue Network被售出，轉變為ABC；NBC最初的孔雀標誌由John J. Graham設計，1975年NBC簡潔的N字標誌卻因和Nebraska ETV的標誌相同而被控告，只好用錢擺平，而新孔雀標誌由Chermayeff & Geismar修改。

45. NBC Universal (美國)

VIVENDI UNIVERSAL

→

→

NBCUniversal

46. McCann Erickson (美國)

→

47. NDR (德國)

→

48. 日視NTV (日本)

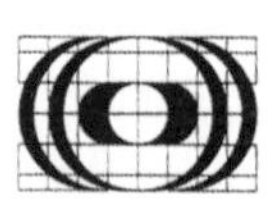

→

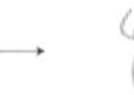

49. nielsen (荷蘭、美國)

→

50. ntl:Telewest (Virgin Media) (英國)

→

→

51. Ogilvy (美國)

Ogilvy & Mather

→

→

52. Omnicom (美國)

Omnicom → OmnicomGroup

53. Paramount (美國)

→

→

54. PATHE (法國)

→

→

55. PUBLICIS (法國)

→

→

45. NBC Universal: 2004年NBC與Vivendi旗下的Vivendi Universal Entertainment合併，管理旗下眾多電影、電視事業，但Universal Music留在Vivendi，GE原是最大股東，2011年起變成Comcast的子公司，形象也以單純字體做大幅的改變。

46. McCann Erickson: 1902年Alfred W. Erickson成立；1911年H.K. McCann成立；1930年兩家公司合併為McCann-Erickson。McCann Worldgroup屬於IPG的次集團。舊標誌中的Truth Well Told，是該公司的信條。

47. NDR: 總部於漢堡的Norddeutscher Rundfunk是於1955年由NWDR西北德廣播分割成NDR與WDR，都是ARD成員之一。

48. 日視NTV: 日本電視臺是1952年成立的日本第一家從事電視事業的民營公司，1993年新商標是由宮崎駿設計，形態像一頭豬，名字叫Nandaro，中文意譯：「這是什麼來著？」

49. nielsen: 1950年De Spaarnestad與Cebema合併為Verenigde Nederlandse Uitgeversbedrijven荷蘭聯合出版公司，簡化為VNU，1999年收購Nielsen Media Research，再收購ACNielsen。2007年VNU更名為The Nielsen Company。

50. ntl: Telewest（Virgin Media）: 2006年NTL和Telewest Global合併形成英國最大的有線媒體ntl:Telewest，2007年正式又與Virgin Mobile合併為Virgin Media。

51. Ogilvy: Ogilvy & Mather奧美是由廣告大師David M. Ogilvy創立於1948年的廣告公司，隸屬於WPP集團，臺灣奧美的前身是國泰建業廣告。

52. Omnicom: 1986年DDB Needham和BBDO合併，形成現今全球最大的廣告傳播集團Omnicom Group，中文名為「宏盟集團」，總部設於紐約。

53. Paramount: Paramount Pictures可追溯至成立於1912年Famous Players Film在好萊塢附近一個簡陋的馬棚，開始電影拍攝工作，1914年Paramount Pictures負責發行，是美國歷史最久的一家電影製作公司，最著名的影片為《阿甘正傳》，隸屬於Viacom，標誌中的山峰名為Ben Lomond。

54. PATHE: 音譯「百代」，Charles Pathé兄弟於1896年成立影業公司，標誌為一隻昂首高唱的公雞，「百代唱片公司」遠在清末時就已經進入中國，是第一個在中國灌錄及出版唱片的外商公司，唱片事業後來併入EMI，以新聞片製作為主。

55. PUBLICIS: Publicis Groupe起源於1926年Marcel Bleustein創立的Publicite+6，初期是巴黎一家專做平面廣告的公司，發展成法國最大的廣告與傳播集團，擁有Publicis、Leo Burnett、Saatchi & Saatchi等，創辦人是獅子座，便以獅子為商標，中文稱為「靈獅廣告」。

56. Rai (義大利)

→

→

57. REUTERS (Thomson Reuters) (英國)

→

→

58. Reed Elsevier (英國、荷蘭)

→

→

59. RTL Group (德國)

→

60. RTP (葡萄牙)

→

→

61. sky (英國)

→

→

62. SONY MUSIC (美國)

Sony Music

BMG

→

→

SONY MUSIC

63. SONY PICTURES (美國)

→
COLUMBIA
PICTURES

→

64. STAR TV (香港)

→

65. TBS (日本)

→

→

56. Rai: 舊稱Radio Audizioni Italiane，1954年後名稱RAI–Radiotelevisione Italiana，是義大利公營廣播公司，擁有三個電視臺與三個廣播電臺。

57. REUTERS（Thomson Reuters）: 英國Reuters賣給加拿大Thomson Corp.，形成全球最大的財經媒體Thomson-Reuters。Reuters成立於1851年多媒體新聞通訊社，而Thomson Corp.是一家為全球的商務及專業顧客提供訊息增值、軟件工具等各類資訊服務的著名供應商。

58. Reed Elsevier: 出版界和資訊服務公司的領導者，於1993年由英國Reed International 和荷蘭Elsevier NV合併而成，新標誌由小寫e字與大寫R字結合，有點像中文的「民」字。

59. RTL Group: 1931年的CLR，1977年CLT-UFA，2000年與Pearson Television合併，組成之泛歐洲媒體集團，經營電視、廣播、內容和線上服務等業務。以主要電視臺RTL為集團名稱，標誌是三個方格的立體字。

60. RTP: Radiotelevisão Portuguesa葡萄牙廣播電視於1957年開播，2004年與RDP葡萄牙無線電臺合併為Rádio e Televisão de Portugal，簡稱也是RTP，新標誌傳達波動與擴散。

61. sky: British Sky Broadcasting 2000年由英國兩家衛星電視Sky Television與BSB合併，以sky為品牌，與紐西蘭、義大利的同名電視網無關。

62. SONY MUSIC: 2004年由Sony Music與BMG合資設立SONY BMG，Sony和Bertelsmann雙方各占50%股份，近來SONY將買下全部股份，進行整併為Sony Music。

63. SONY PICTURES: 1924年Columbia Pictures1982年被Coca-Cola買下，找來HBO、CBS投資成立TriStar，但1987年被Coca-Cola分出來成立Columbia/TriStar，以火炬女神像標誌著名，不久被Sony收購更名Sony Pictures，再買下MGM，成為世界第一的電影大廠。

64. STAR: 和記黃埔成立Satellite Television for the Asian Region衛星電視公司的縮稱，於1991年啟播時稱為「衛視」，現稱「Star Group星空傳媒集團」，屬於News Corporation旗下，以往的衛視中文台則成為「鳳凰衛視」。

65. TBS: 「東京放送」是日本歷史最悠久的民營無線廣播公司，1955年電視開播以TBS連字為標誌，但看起來像TBA，新標誌則是趣味造形的電波人。

66. TBWA (美國)

→

→

67. TELECINCO (西班牙)

→

→

68. TELEMUNDO (美國)

→

→

69. The CW (美國)

→

→

70. the guardian (英國)

→

→

71. TIME (美國)

→

→

72. TimeWarner (美國)

Time Inc.  → TIME WARNER → TimeWarner

73. tsr (瑞士)

→

74. tv asahi (日本)

→

→

75. tve (西班牙)

→

→

76. TV TOKYO (日本)

→

66. TBWA: 由法國四家公司組成於1970年，擅長disruption（顛覆）廣告，所以"\"也成為了TBWA的圖騰，1993年被Omnicom Group收購，1995年負責Apple廣告的Chiat Day也被Omnicom收購，併入TBWA。

67. TELECINCO: 1990年啟開播的私營電視公司直接以第五頻道為名，起初以Tele 5為形象，現改為TELECINCO，並拿掉了花朵。

68. TELEMUNDO: 1954年波多黎各的WKAQ-TV以Telemondo（Tele World）為品牌，1987年在美國成立Telemundo Group，世界第二大西語電視，現屬於NBC Universal。

69. The CW: 2006年CBS子公司United Paramount Network（UPN）與Warner Brothers旗下The WB合併為The CW，CW源自CBS與WB的頭字母。

70. the guardian: 1959年前稱為 The Manchester Guardian，該報一直以來都是大開型日報，2005年改以柏林版式發行，姊妹報為The Observer，新形象仍以對比手法強調guardian。

71. TIME: 時代週刊於1923年發行，是美國最早的新聞週刊雜誌，刊名最初擬為"Facts"，宗旨是報導國際事件，要使「忙人」能夠充分了解世界大事，封面多是當時最具影響力的重要人物。

72. TimeWarner: 1990年Time與Warner Communications合併為TimeWarner，2000年被AOL買下，稱為AOL Time Warner，網路泡沫後AOL的資產只剩小部分，於是分出AOL也拿掉AOL名稱。

73. tsr: Télévision Suisse Romande瑞士法語電視臺，屬於官方SRG SSR idée suisse，擁有兩個頻道，舊標誌如達美樂（Domino Pizza），新形象凸顯Suisse的S字。

74. tv asahi: 源自1957年日本教育テレビ，1977年更名「全國朝日放送株式會社」簡稱「テレビ朝日」，以第10台為標誌，2003年採用新形象，標誌為一棒狀圖案，標誌與文字標章tv asahi的相關位置則動態調整。

75. tve: Televisión Española屬於西班牙國營的公共電臺及電視頻道公司RTVE，舊標誌剛硬，新標誌柔軟，強調西班牙Española的"e"字。

76. TV TOKYO: 成立於1964年テレビ東京12頻道，現行標誌是東京電視35週年時由日本Landor設計，因播出「神奇寶貝」動畫，劇中的皮卡丘成為吉祥物。

77. 聯合報UDN（臺灣）

78. UNIVISION（美國）

univision

79. Universal Music（美國）

→

→

80. VIACOM（美國）

→ VIACOM → viacom

81. vocento（西班牙）

GRUPO CORREO PRENSA ESPAÑOLA → vocento → vocento

82. Walt Disney Pictures（美國）

→

→

83. Warner Bros.（美國）

→

→

84. warner music group（美國）

→

→

warner | music | group

85. WDR（德國）

→

86. Wolters Kluwer（荷蘭）

→ WoltersKluwer →

87. Y&R（美國）

→ Y&R →

77. 聯合報UDN: 1951年全民日報、民族報、經濟時報聯合版等三報正式合併，改名「聯合報」，報禁解除前曾是臺灣第一大報，聯合報系在美國幾個大城市發行世界日報。

78. Univision: 1962年稱為Spanish International Network是美國第一個外語電視網，1986年賣給Hallmark Cards和Televisa時更名Univision，1992年轉賣給Jerry Perenchio，成立Univision Communications公司來管理旗下子公司，現在屬於Broadcasting Media Partners投資集團。

79. Universal Music: 1962年MCA買下Decca Records USA進入音樂市場1996年MCA Music Entertainment Group更名Universal Music Group；而1998年12月，加拿大Seagram公司將Polygram和Universal Music 再合併，爾後賣給Vivendi。

80. VIACOM: 1971年原CBS的電視供應部門成立為VIACOM，1999年反過來買下母公司CBS，直到2005年既有的VIACOM更名為CBS，另分出全新的Viacom管理成長的事業MTV。

81. vocento: 西班牙最大報業集團，2000年由Grupo Correo與Prensa Española合併，形成Grupo Correo Prensa Española，再更名vocento，由120幾個子公司組成媒體集團，新形象把一堆圈圈都拿掉。

82. Walt Disney Pictures: Walt Disney中最重要的電影發行品牌，使用該品牌發行的電影都具有Disney品牌的特徵，如喜劇結局、宣揚希望、樂觀的精神等。Disney買下Pixar後，將動畫提升到更高的境界。

83. Warner Bros. Pictures: 1918年設立片廠，1923年正式成立Warner Bros. Pictures公司，1930年代開始著名的動畫卡通Looney Tunes，1967被Seven Arts 買下改稱Warner Bros.-Seven Arts，1972年公司更名Warner Communications，現在屬於Time Warner旗下的Warner Bros. Entertainment。

84. warner music group: WMG可溯源自Warner Bros. Records，1970年代組成Warner-Atlantic-Elektra（WEA）公司，現今的WMG於2004年由TimeWarner賣給Edgar Bronfman, Jr.領導的投資集團，是美國唯一公開上市的獨立音樂公司。

85. WDR: 西北德廣播Nordwestdeutscher Rundfunk簡稱NWDR，於1955年分割成NDR與總部位於Köln的WDR，都是ARD成員之一，WDR是歐洲最大的公共廣播電視機構。

86. Wolters Kluwer: 1987年Wolters Samson與Kluwer Publishers合併形成Wolters Kluwer，以抵抗原本想收購Kluwer Publishers的Elsevier，標誌為向四方擴展的資訊。

87. Y&R: John Orr Young與Raymond Rubicam於1923年成立Young&Rubicam，陸續併購Burson-Marsteller、Landor等形成整合行銷傳播Y&R Brands，2000年起屬於WPP集團。

歸納

- 以圖案加上字體為標誌者有50個，比率稍高一些。
- 藍色系為主要顏色有21個，黑色系有15個，紅色系有8個。
- 報業品牌形象求新求變，同時符合電子報的面貌；廣告公司替別人做形象，自身形象當然得不斷調整，但仍著重專業。電影娛樂媒體主要在開演時呈現絢麗的聲光效果。
- 美國Omnicom、 Interpublic Group、英國WPP與法國PUBLICIS四個大集團掌握了廣告傳播業的主要品牌，電影電視娛樂媒體集團則有News Corporation、TimeWarner、Walt Disney等。

Mining

Category

18

第十八類：礦產金屬業

除了油礦之外的各種天然資然的開採、冶煉與產銷，如：金、鉑、銀、銅、鐵、鋁、鈾、鎳、鋅等金屬，也包括煤、鑽石、瓷土等非金屬。

天然資源與礦產過去都歸國家所有，但有權勢的商人逐漸從政府手中租地到取得經營權，早期鐵路的開發也為礦產服務，但礦業公司得投入大量資金，需要敢於冒險與投機的暴發戶，由開始探勘到收穫時間可能拖很長，報酬也沒個準，但只要開採出一處蘊藏豐富的礦脈，就能大撈一票；不過礦工卻是被壓榨的一群，工作環境又惡劣，相對於資方是極為勤苦的。礦藏豐富的國家隨著探勘與採礦技術的發達而致富，如蘇俄、巴西、印度等，現號稱金磚之國。

1. ACERINOX (西班牙)

→

→

2. AICHI STEEL (日本)

 愛知製鋼 → 

→ AICHI STEEL

3. AK Steel (美國)

→

4. ALCOA (美國)

→ ALCOA →

5. Aleris (美國)

→

6. Allegheny Technologies (美國)

→

→

7. ANGLO AMERICAN (英國)

→

8. AngloGold Ashanti (南非)

→

9. Anvil Mining (加拿大)

→

→

10. Arcelor Mittal (盧森堡)

→

→

→

1. ACERINOX: 1970年成立於西班牙的不鏽鋼公司，名稱源自Acero Inoxidable（Stainless Steel），與日本Nisshin Steel技術合作，兩公司的標誌都有新月的造形。

2. AICHI STEEL: 原是1934年豐田自動織機製作所成立的製鋼部門，1940年豐田製鋼採用所在地名，改稱為「愛知製鋼」，產品主要是特殊的合金鋼。

3. AK Steel: 創立於1900年的American Rolling Mills Corporation，後來改以Armco Steel為公司名，但聽起來好像武器公司，1994年再改稱AK Steel，名稱中的K字是投資合作的日本Kawasaki Steel。

4. ALCOA: The Aluminum Company of America美國鋁業公司創立於1888年，以縮稱ALCOA為品牌，直到1999年公司才更名為ALCOA，著名的A字標誌由Saul Bass於1963年所設計。

5. Aleris: Aleris International是由 Commonwealth Industries與 IMCO Recycling 於2004年合併而成，從事鋁、鋅廢料回收再生和軋製鋁板帶產品，現屬於私募基金TPG Capital。

6. Allegheny Technologies: 1996年由Allegheny Ludlum Steel與 Teledyne合併，成為Allegheny Teledyne，再更名為Allegheny Technologies, Inc.，現標誌則使用縮稱ATI。

7. ANGLO AMERICAN: 南非英美公司AACSA成立於1917年，1999年和盧森堡Minorco公司合併成為ANGLO AMERICAN PLC英美資源集團，在倫敦上市，是世界領先的採礦和自然資源公司，新標誌延續A字，增加如礦石上的紋路。

8. AngloGold Ashanti: ANGLO AMERICAN將旗下Vaal Reefs採礦公司更名AngloGold並分離出來，2004年與蓋亞那的Ashanti Goldfields合併，組成AngloGold Ashanti，延續獅子標誌的形象。

9. Anvil Mining: 2002年於剛果Dikulushi開採銅礦成功，2004年重組為Anvil Mining Limited上市，現於剛果營運三座銅礦場，標誌為A字形的鍛造鐵架，新形象更加強立體效果。

10. Arcelor Mittal: Arcelor是在2002年由盧森堡Arbed、西班牙Aceralia與法國Usinor合併而成，而Mittal Steel起源於1976年，創立於印度，1989年為Ispat International，2004年更名Mittal Steel，Arcelor與Mittal Steel再合併，成為世界最大鋼鐵公司，新標誌仿鋼筋的彎曲線條並造出A字。

11. ASARCO (美國)

→

→

12. BlueScope Steel (澳洲)

→

13. Boliden (瑞典)

→

14. corus (英國)

→

→

15. De Beers Group(南非)

→

16. DEBSWANA (波扎那)

→

17. exxaro (南非)

KUMBA RESOURCES
→

18. Evraz (俄羅斯)

→

19. HARMONY (南非)

→

20. HYUNDAI STEEL (韓國)

→

21. IMERYS (法國)

→

11. ASARCO: 從事銅礦開採與製造，1899年成立American Smelting And Refining Company，1975年更名ASARCO，1999年被Grupo México收購，曾使用如梯田的集團圖形標誌，破產後更新形象力圖振作，現轉賣給Sterlite Industries。

12. BlueScope Steel: 2000年由BHP Steel分割出 OneSteel 與BHP Steel兩公司，BHP Steel 於2003年更名為BlueScope Steel，標誌由平面鋼板組合而成。

13. Boliden: 瑞典的礦業冶煉公司，1931年正式創立，1997年轉移到加拿大設立 Boliden Limited，1999年公司重組為Boliden AB，總部遷回瑞典，新標誌開啟New Boliden形象。

14. Corus: 1999年英國鋼鐵 British Steel與荷蘭Koninklijke Hoogovens合併為Corus Group，標誌象徵吹響金屬工業的新號角，已被Tata Steel所買下，成為Tata集團子公司。

15. De Beers Group: 1880年由Cecil John Rhodes等創立，而De Beer原是一農場主人的姓氏，爾後於該農場發現鑽石，就以De Beer為公司名，公司1888年註冊，總部在南非約翰尼斯堡，主宰了全球4成的鑽石開採和貿易；De Beers原本一直是作為鑽坯供應商，於2001年宣布與精品業者LVMH 集團合作，各以50%的持股成立De Beer Diamond Jewellers，開發鑽石商品，進軍珠寶零售。

16. Debswana: 原名De Beers Botswana Mining Company，1969年由De Beers與Botswana政府合資成立，1991年更名為Debswana Diamond Company，新標誌以抽象方式象徵鑽石業的擴大。

17. exxaro: 1989年Kumba Resources從國營Iscor分割出來，2006年再將鐵礦事業獨立為Kumba Iron Ore，其他事業另組exxaro，標誌中把兩個X設計成人的模樣，以此來表明企業以人為本的理念。

18. Evraz: 1992年創立名為Evroazmetall的鋼鐵貿易公司，1999年成立EvrazHolding，迅速發展成為俄國第一大鋼鐵及採礦公司Evraz Group，新標誌以三條線造出"E"字形態。

19. HARMONY: 成立於1950年為Randgold提供管理服務並承租Harmony礦區，1995年後發展成為南非最大金礦Harmony Gold Mining，新形象以向上的箭簇象徵業績持續的攀升。

20. HYUNDAI STEEL: 最早是1953年仁川鋼鐵，爾後改稱INI Steel，2006年更名「現代製鐵」，是現代汽車集團的子公司，標誌之H字如拱門造形。

21 IMERYS: 源起於1880年歷史悠久的鎳礦公司，1975年更名Imetal，於1999年買下英國瓷土公司ECC，重新定位為工業用礦產品與陶瓷原料加工生產，並更名Imerys。

22. IOC (加拿大)

→

23. JFE (日本)

→

24. Kaiser Aluminum (美國)

→ KAISER ALUMINUM →

25. KAZAKHMYS (英國)

→ KAZAKHMYS →

26. KINROSS (加拿大)

→

27. KOBELCO (日本)

→

28. LONMIN (英國)

→

29. MECHEL (俄羅斯)

→

30. Miramar Mining (加拿大)

→

31. Mwana Africa (南非)

→ MWANA AFRICA PLC

32. Newcrest Mining (澳洲)

→ NEWCREST MINING LTD →

22. IOC: Iron Ore Company of Canada加拿大鐵礦，與M.A. Hana合作成立於1949年，而1997年時澳洲的North Limited持有最多股份，現被Rio Tinto與Mitsubishi買下。

23. JFE: 日本鋼管於1912年創立，川崎製鐵於1950年從川崎重工分離，兩家公司於2002年合併為JFE Holdings，J代表日本，F是鐵的化學符號Fe，E是Engineering，另一含意為Japan Future Enterprise日本未來企業。

24. Kaiser Aluminum: 1946年 Henry J. Kaiser買下三個華盛頓州的政府工廠，進入製鋁業，並持續擴大Kaiser家族的事業版圖，現總部位於加州橘郡的Foothill Ranch。

25. KAZAKHMYS: 源起於1930年Kazakhstan哈薩克的銅礦冶煉工廠，曾被Samsung取得經營權，1997年更名為Kazakhmys Corporation，後來更將總部移往英國，標誌以飛鏢造形象徵環繞全球。

26. KINROSS: Plexus Resources、CMP Resources等公司於1993年創立Kinross Gold，目前是北美地區第三大金礦公司，新標誌刻意作成一個招牌形式。

27. KOBELCO: 由1905年鈴木商店的神戶製鋼所開始，1911年成立Kobe Steel, Ltd.公司，集團跨足建設機械、不動產業，2006年統一全球商標KOBELCO。

28. LONMIN: 1909年成立的London and Rhodesian Mining更名為 Lonrho plc，1998年 Lonrho 分出Lonrho Africa，而隔年原Lonrho則更名Lonmin plc，是全球第三大鉑金生產商。

29. MECHEL: 可追溯到1943年創立的Chelyabinsk Metal Works，2003年成立整合型鋼鐵企業MECHEL OAO，其主要業務包括礦業與製鋼兩大部分。

30. Miramar Mining: 加拿大努勒維特地區（Nunavut）的金礦探勘公司，擁有北多里斯（Doris North）金礦，2008年被Newmont Mining收購，舊標誌像勞斯萊斯的重疊造形，現公司消失，改用Newmont名稱。

31. Mwana Africa: Mwana Africa Holdings創立於2003年，收購創於1987年的 African Gold重組為Mwana Africa plc，辛巴威與剛果的金礦開採，新形象由大象取代非洲地圖。

32. Newcrest Mining: 由成立於1996年的Newmont Australia，收購1990年Australmin Holdings 與BHP Gold形成 Newcrest Mining，標誌呈現流出熔爐的金屬。

33. Newmont (美國)

NEWMONT → 

34. Novelis (加拿大)

→

35. Nucor (美國)

→

→

36. OceanaGold (澳洲)

→

37. OneSteel (澳洲)

→

38. OVAKO (瑞典)

→

39. OUTOKUMPU (芬蘭)

→

→

40. Pan American Silver Corp. (加拿大)

Pan American Silver Corp.
→

Pan American
SILVER CORP.
→

Pan American
SILVER CORP.

41. RAG (德國)

→

42. RIO TINTO (英國、澳洲)

→

43. RIVA (義大利)

→

33. Newmont: 1921年成立礦業投資Newmont Mining Holding，1987年公司開始重整將營業重心往金礦轉移形成今日的Newmont Mining Corp.，新標誌上方營造出金字塔意象。

34. Novelis: Alcan的鋁板冷軋部門於1916年成立，2005年被分離出來成立Novelis，爾後納入印度Hindalco Industries集團旗下，新形象也改為集團之標誌

35. Nucor: 由Oldsmobile創辦人成立於1905年，原名REO Motor Car Co.，1955年買下Nuclear Consultants轉變為Nuclear Corporation of America，從事核能設備，但最後破產，事業重心移轉到製鋼，1972年更名Nucor Corporation，是北美最大的鋼鐵回收業者。

36. OceanaGold: GRD（Gold and Resource Developments）於2004年將子公司GRD Macraes分離，成為上市公司OceanaGold，名稱反映其開發領域為太平洋周邊。

37. OneSteel: 2000年由BHP另分離出長形鋼材事業成立OneSteel，2007年併購Smorgon Steel，展現成為鋼鐵No.1的企圖心。

38. OVAKO: 歷史可追溯到300多年前，於1969年Fiskars分出製鋼部門Ovako Group，1986年與SKF Steel合併為 Ovako Steel，2005年再合併Fundia與Imatra Steel，奠定了今天的Ovako。

39. OUTOKUMPU: 1910年起在Outokumpu開採銅礦，1932年正式設立公司，1990年代晚期將重心放在不鏽鋼事業，鋼鐵事業與Avesta Sheffield合併為 AvestaPolarit，銅產品事業已被賣出更名Luvata。

40. Pan American Silver Corp.: 主要礦區在中南美洲的銀礦開採公司，1994年由Equinox Resources前經營者成立，直接使用採礦的十字鎬為圖形標誌。

41. RAG: 公司名稱與破布無關，1969年由18家Ruhr地區煤礦公司結合為Ruhrkohle AG，再逐步形成礦產與工業集團RAG AG，事業重組後分離非礦產事業為Evonik Industries。

42. RIO TINTO: 由Rothschild家族成立於1873年的西班牙，以Rio Tinto河為名，意為紅色的河流，1995年於英國與澳洲同時成立雙國註冊公司，剛收購加拿大鋁業（Alcan），而公司新形象也漸活化。

43. RIVA: 主要公司Riva Acciaio成立於1954年，1995年時買下政府Ilva鋼鐵，Gruppo Riva成為義大利最大鋼鐵集團，標誌如活字鋼印。

44. RYERSON (美國)

→

45. RUSAL (俄羅斯)

→

→

46. Sapa (瑞典)

→

47. SeverStal (俄羅斯)

→

→

48. Schmolz+Bickenbach (德國)

→ SCHMOLZ + BICKENBACH

49. Silver Standard (加拿大)

SILVER STANDARD RESOURCES INC.
→

50. Smorgon Steel (澳洲)

→

→

51. Stelco (U.S. Steel Canada) (加拿大)

→

→

U. S. Steel Canada
A Subsidiary of United States Steel

52. SSAB (瑞典)

53. TATA STEEL (印度)

→

→ TATA STEEL

54. TAHERA (加拿大)

→

44. RYERSON: 1842年由Joseph T. Ryerson創立，1996年前為Inland Steel的子公司，改稱Ryerson Tull上市並獨立，2005年買下Intergris Metals，再更名為Ryerson。

45. RUSAL: 隨著俄國企業的私有化，2000年Russia Aluminium（Rusal）成立，2007年Rusal、USAL與Glencore的鋁業部門再合併為UC RUSAL，成為世界最大的私人鋁業集團，隸屬於En+ Group。

46. Sapa: 1976年 Gränges 買下成立於1963年的sapa，2000年 Gränges集團更名Sapa Group，現為Orkla集團的子公司，主要生產鋁擠型製品。

47. SeverStal: 英文為Northern Steel，1993年國營Cherepovets Iron與Steel Complex合併而成，標誌圖形原為鍋爐倒出熔化的鋼鐵，現因集團業務的擴大，新形象除更新文字標章，增加象徵多面向發展的三角形圖案。

48. Schmolz+Bickenbach: 1996年von Moos Holding合併Von Roll Steel成為Swiss Steel，2003年被Schmolz+Bickenbach 買下，2006 Swiss Steel年更名為Schmolz+Bickenbach集團，子公司von Moos Stal則使用Swiss Steel之名稱。

49. Silver Standard: 1946年Silver Standard Mines成立，1990年更名Silver Standard Resources，原SSR標誌被金屬質感的字體所取代。

50. Smorgon Steel: Smorgan家族創立於1981年，主要業務是回收廢鐵再製建築用強化鋼板，2007年併入OneSteel旗下，公司已消失。

51. Stelco（U.S. Steel Canada）: 原來全名Steel Company of Canada，由五家公司於1910年組成加拿大最大的鋼鐵公司，2007年被U.S. Steel收購更名US Steel Canada。

52. SSAB: 瑞典鋼鐵創立於1978年，由Domnarvets Järnverk, Oxelösunds Järnverk與Norrbottens Järnverk合併為Svenskt Stål Aktiebolag，現全名SSAB Svenskt Stål AB，最大股東為Industrivärden投資集團。

53. Tata Steel: Jamsetji Tata於1868年創業，而1907年成立Tata Iron and Steel Co.（TISCO）更為集團奠定厚實的基礎，2007年收購英國Corus，形成小廠併購大廠的獨特案例，公司與集團標誌漸漸拆開使用。

54. TAHERA: 加拿大鑽石開採業者Tahera Corp.，2004年更名Tahera Diamond Corp.，擁有位於北極圈Nunavut地區的Jericho礦山，原本與著名珠寶公司Tiffany & Co.簽訂鑽石供應合約，但現今公司營運出現大問題。

55. Teck (加拿大)

→

→
Teck

56. Tenaris (盧森堡)

TAMSA
→

57. ThyssenKrupp (德國)

→
ThyssenKrupp

→
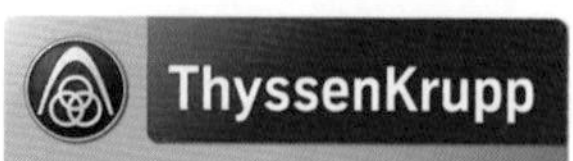

58. umicore (比利時)

→

59. USS (美國)

→

→

60. VALE (巴西)

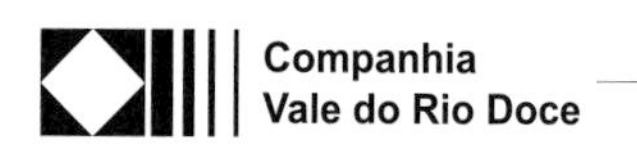

→

61. vedanta (英國)

→

62. voestalpine (奧地利)

→
voestalpine

63. Worthington Industries (美國)

→
WORTHINGTON INDUSTRIES
→

64. Xstrata (英國)

→

65. Yamana Gold (加拿大)

YAMANA RESOURCES INC.
→

→

55. Teck: 採金礦起家的Teck和CP鐵路所屬的Cominco兩公司，原本自1986年就有合作關係，2001年正式合併為teck cominco，形象傳達採礦的技術力，2009年品牌再更新為Teck，訴求高度的理性。

56. Tenaris: 世界上最大的無縫鋼管生產商，Siderca於1996年時取得Dalmine和Tamsa股份，形成DST的品牌聯盟，2001推出新品牌 Tenaris，隔年三公司合組成為Tenaris，圖形標誌是流行的色彩條紋。

57. ThyssenKrupp: Ruhr地區兩大鋼鐵家族Thyssen與Krupp於1999年合併，成為多業種經營公司，新標誌組合Thyssen拱門與Krupp三環圖案，象徵兩個公司的悠久歷史又有新融合。

58. umicore: 雖已有200年歷史，但主要是成立於1906年的UMHK，1989年Union Minière與旗下公司整併為集團公司，2001年更名為umicore，由礦業再進到材料科學。

59. USS: U.S. Steel創立於1901年，併購Marathon石油後於1986年更名USX，2001年分離石油事業回歸本業，仍是美國最大鋼鐵公司，但現在的產鋼量卻只比1902年時多一些而已，失去世界的領導地位。

60. VALE: Companhia Vale do Rio Doce（CVRD）由巴西政府創於1942年，1997年轉為民營，2006年買下Inco鎳礦公司，隔年以Vale為新品牌，標誌表現其河谷特色，是世界最大鐵礦砂出口商。

61. Vedanta Resources: 印度工業鉅子Anil Agarwal於1975年創立Rainbow Investments開始銅線的買賣，1986年成立Sterlite Industries，再透過併購其他礦產公司，於倫敦以Vedanta Resources掛牌上市，Sterlite Industries成為主要子公司。

62. voestalpine: 1938年創業的Vereinigte Österreichische Eisen-und Stahlwerke AG（VÖEST）與1973年成立的ALPINE MONTAN AG合併為VÖEST-ALPINE AG，2001年更改為voestalpine AG，中文名稱「奧鋼聯集團公司」。

63. Worthington Industries: 1955年John H. McConnell用他的汽車向銀行貸款美金$600元，開創了Worthington Steel，公司擴展到1972年更名為Worthington Industries，從事鋼鐵產品加工、鋼架、汽缸等。

64. Xstrata: 1926年在瑞士成立Südelektra Holding，原業務是投資拉丁美洲電力事業，爾後多角化經營進入採礦業，1999年更名為Xstrata AG，2002年以Xstrata plc在倫敦公開上市，主要生產煤礦、銅與鋅。

65. Yamana Gold: 1980年Yamana Resources成立，2003年更名Yamana Gold，名稱聽起來像是日本公司，但其實是源自智利的Yamana礦區。

歸納

- 單純使用文字標準字體為標誌者有22個，而以圖案加上字體有43個，僅使用字體為標誌之比例並不高。
- 藍色系為主要顏色有17個，藍色配黑色有12個，黑色系有5個，紅色系有4個，紅色配黑色有6個。
- 品牌顏色多用藍色系或藍色配黑色，應是不想再呈現熔爐的火熱感，而是成品的金屬冷色調。
- 從RIO TINTO、VALE與bhp billiton（見油礦能源業）等新形象都可顯見採礦業想扭轉工業、勞動的形象，營造親和與光明的未來。

謝誌 Acknowledgments

感謝全華圖書同仁協助此書的出版；大計文化的楊宗魁發行人、林榮松總編多年來的支持；嚴貞教授、林磐聳教授撰寫推薦序；我的太座涂玉珠幫忙籌劃及校對工作。

而沒有我母親的辛勞、大同大學諸多師長的教誨、已仙逝的林挺生董事長的留學資助、Dennis Y. Ichiyama與David L. Sigman教授的指導、文化大學蘇宗雄教授的照顧、崇右技術學院所有長官朋友的愛護、設計界眾多朋友的鼓勵，這一切也都不可能達成。

對書中每一個標誌的設計師，名字雖未一一列舉，要為他們給了設計界莫大的養分，致上誠摯的謝意。也感佩擁有這些標誌的公司們對品牌的持續經營，肯定唯有活化品牌，事業才有活路。

最後再次感謝提供豐富資訊的所有網站與書籍，讓知識可以相互分享，加速設計領域的進步。

如仍疏漏了某些對此書有所貢獻的人們，一併衷心感激。

結束
是另一個新的開始

世界商標演進1400+

作　　者／蔡啟清
執行編輯／蔡啟清、涂玉珠、葉容君
發 行 人／陳本源
出 版 者／全華圖書股份有限公司
郵政帳號／0100836-1號
印 刷 者／宏懋打字印刷股份有限公司
圖書編號／08128
定　　價／420元
初版一刷／101年4月
I S B N／978-957-21-8425-7
全華圖書／www.chwa.com.tw
全華網路書店 Open Tech／www.opentech.com.tw
若您對書籍內容、排版印刷有任何問題，歡迎來信指導book@chwa.com.tw

世界商標演進1400+ / 蔡啓清編著. -- 初版.
-- 新北市 : 全華圖書, 民101.03

面；　公分

ISBN 978-957-21-8425-7（平裝）
1.商標 2.標誌 3.商標設計

492.5　　101002993

臺北總公司（北區營業處）
地址：23671新北市土城區忠義路21號
電話：(02)2262-5666
傳真：(02)6637-3696

南區營業處
地址：80769高雄市三民區應安街12號
電話：(07)862-9123
傳真：(07)862-5562

中區營業處
地址：40256臺中市南區樹義一巷26號
電話：(04)2261-8485
傳真：(04)3600-9806

有著作權・侵害必究